工业和信息化
精品系列教材

鸿蒙应用开发
项目教程

唐乾林 黎现云 汪江桦◎主编
路立勋 汤建国 何雨虹◎副主编

人民邮电出版社
北 京

图书在版编目（CIP）数据

鸿蒙应用开发项目教程 / 唐乾林，黎现云，汪江桦
主编. -- 北京 : 人民邮电出版社，2025. --（工业和信
息化精品系列教材）. -- ISBN 978-7-115-67632-0

Ⅰ. TN929.53

中国国家版本馆 CIP 数据核字第 2025YN4559 号

内 容 提 要

本书由教学经验丰富的一线教师和企业资深的高级程序员联合编写，从初学者的角度出发，以基础知识为"基石"，以核心技术和高级应用为"梁柱"，通过项目实现和项目实训来检验和巩固读者的学习成果。本书将鸿蒙系统技术架构、鸿蒙应用开发套件、鸿蒙应用开发基础、UI 常用布局、UI 常用组件、动画、公共事件、通知、窗口管理、音频开发、图片开发、视频开发、应用安全、用户首选项、关系数据库、分布式数据库、元服务、服务卡片、分布式应用开发、人工智能服务等知识融入搭建鸿蒙应用开发环境、设计转盘式抽奖程序、设计闹钟程序、设计验证码登录程序、设计视频播放器、云林新闻发布应用开发、云林财务助手应用开发和云林商城应用开发这 8 个项目中，由浅入深地介绍鸿蒙应用开发的知识和方法，引领读者全面掌握鸿蒙应用开发技术。

本书可作为应用型本科、职业本科、高职高专院校计算机专业及相近专业的教材，也可作为相关技术人员和计算机爱好者的参考书。

- ◆ 主　编　唐乾林　黎现云　汪江桦
　　副主编　路立勋　汤建国　何雨虹
　　责任编辑　马小霞
　　责任印制　王　郁　焦志炜
- ◆ 人民邮电出版社出版发行　　北京市丰台区成寿寺路 11 号
　　邮编　100164　电子邮件　315@ptpress.com.cn
　　网址　https://www.ptpress.com.cn
　　三河市君旺印务有限公司印刷
- ◆ 开本：787×1092　1/16
　　印张：15.75　　　　　　　　　　　2025 年 8 月第 1 版
　　字数：404 千字　　　　　　　　　2025 年 8 月河北第 1 次印刷

定价：59.80 元

读者服务热线：(010)81055256　印装质量热线：(010)81055316
反盗版热线：(010)81055315

前言

党的二十大报告指出"必须坚持科技是第一生产力、人才是第一资源、创新是第一动力"。高等职业教育的目标是培养满足社会需求的技术型、应用型和实践型人才。

鸿蒙系统是华为自主研发的操作系统，采用微内核架构，具有更高的安全性，能够更好地保障应用的安全运行，保护用户的数据隐私和信息安全。鸿蒙系统拥有庞大的用户基础，并且在不断拓展应用场景，使用鸿蒙系统开发应用，可以更好地满足市场需求，帮助开发者在快速增长的市场中获得更多的机会。

本书结合职业教育的特色，采用项目的形式进行编写，内容突出实用性，以能力培养为导向，能够全面提升读者的学习能力和综合素质。

本书特点如下。

1. 落实立德树人根本任务

本书用习近平新时代中国特色社会主义思想铸魂育人，引导读者成为担当民族复兴大任的时代新人、德智体美劳全面发展的社会主义建设者和接班人。

2. 产教融合、校企合作开发

本书由具有多年教学经验的教师和资深的企业高级程序员合作编写，将企业的真实项目转化为教学内容，用岗位要求引领知识技能的学习，帮助读者掌握岗位的职业技能。

3. 内容设计合理

本书以基础知识为"基石"，以综合项目为"梁柱"，通过项目来检验读者的学习效果。全书案例丰富、图文并茂、通俗易懂，具有很强的实用性。

4. 提供丰富的教学资源

本书配套的教学资源有课程标准、教学计划、电子教案、PPT 课件和项目源代码等，读者可登录人邮教育社区进行下载，或者直接联系编者获取，编者的邮箱是 460285664@qq.com。

本书由重庆电子科技职业大学的唐乾林、重庆迎圭科技有限公司的黎现云、重庆电子科技职业大学的汪江桦担任主编，重庆电子科技职业大学的路立勋、汤建国、何雨虹担任副主编，其中项目 1、项目 6 由唐乾林负责，项目 2 由汪江桦负责，项目 3、项目 8 由黎现云负责，项目 4 由何雨虹负责，项目 5 由路立勋负责，项目 7 由汤建国负责，全书设计与统稿由唐乾林负责。华为技术有限公司和重庆迎圭科技有限公司提供了技术支持，在此表示感谢。

由于编者水平有限，书中难免有不妥之处，衷心希望广大读者不吝批评与指正，我们将在再版时予以更正。

编　者

2025 年 2 月

目录

项目1
搭建鸿蒙应用开发环境

【项目导入】

云林科技是一家成立于 2003 年的公司，已经开发了官方网站对公司业务进行宣传和服务，现计划开发移动应用来进一步拓展公司业务。通过对比目前流行的移动应用开发语言，并结合公司实际情况，公司决定基于鸿蒙系统来开发相关移动应用。在鸿蒙系统（HarmonyOS）上进行应用程序的设计、开发和部署，也称为鸿蒙应用开发。要进行鸿蒙应用开发，应先搭建鸿蒙应用开发环境，如图 1-1 所示。

图 1-1　鸿蒙应用开发环境

【项目分析】

完成本项目需要了解鸿蒙系统的发展历程，掌握鸿蒙系统的技术架构、鸿蒙系统的技术特征和鸿蒙应用开发套件等知识。接下来先介绍鸿蒙系统的基础知识，再介绍搭建鸿蒙应用开发环境的操作步骤，为开发相关应用做好准备。

【知识目标】
- 熟悉鸿蒙系统的技术特征。
- 掌握鸿蒙应用开发套件。

【能力目标】
- 能够搭建鸿蒙应用开发环境。
- 能够编写简单的鸿蒙应用程序。

【素养目标】
具有助力民族复兴的家国情怀。

【知识储备】

1.1　鸿蒙系统简介

鸿蒙系统是华为为解决物联网设备的互联互通问题而开发的一款操作系统，具有多设备互联、分布式架构、高效性能等优势，它面向全场景，将手机、计算机、电视、工业自动化控制系统、无人驾驶系统、车机设备、智能穿戴设备等统一于一个操作系统之下，并且面向下一代技术。

1.1.1　鸿蒙系统发展历程

华为从 2012 年开始规划自有操作系统，并在芬兰赫尔辛基设立智能手机研发中心，招募相关技术人才。

2019 年 8 月 9 日，华为在开发者大会上发布了 HarmonyOS 1.0，其第一个落地产品是智慧屏，尚未搭载到手机系统上。

2020 年发布的 HarmonyOS 2.0 正式覆盖手机等移动终端，标志着该系统正式进入市场。

2022 年 7 月，HarmonyOS 3.0 正式发布，万物互联成为其新标签，同年 11 月，华为首次提出了"鸿蒙世界"的概念。

2023 年 8 月，华为正式发布 HarmonyOS 4.0，华为原生鸿蒙系统（HarmonyOS NEXT）蓄势待发，鸿蒙原生应用全面启动。

2024 年 10 月 22 日，华为正式发布 HarmonyOS NEXT。

1.1.2　鸿蒙系统技术架构

鸿蒙系统的技术架构可分为内核层、系统服务层、框架层和应用层。

1. 内核层

鸿蒙系统把 Linux 内核、轻量级操作系统（LiteOS）内核整合为一个微内核，创造出一个超级虚拟终端互联的世界，将人、设备、场景有机联系在一起。同时，由于微内核的代码非常精简，其受攻击的概率大幅降低。微内核提供基础的内核功能，包括进程/线程管理、内存管理、文件系统、网络管理和外设管理等。

2. 系统服务层

系统服务层是鸿蒙系统的核心能力集合，通过框架层对应用程序提供服务。系统服务层包括基础软件服务子系统集和硬件服务子系统集。基础软件服务子系统集提供公共的、通用的软件服务，硬件服务子系统集则提供硬件服务，包括位置服务、生物特征识别、穿戴专有硬件服务、物联网专有硬件服务等。

3. 框架层

框架层为应用开发提供了 C、C++、JavaScript（简称 JS）等多语言的用户程序框架和能力（Ability）框架、兼容 JS 的方舟用户界面（Ark User Interface，ArkUI）框架，以及多语言软硬件服务框架应用程序接口（Application Program Interface，API）。

4. 应用层

鸿蒙系统实现了模块化耦合，对应不同设备可弹性部署，可用于大屏、手机、个人计算机（Personal Computer，PC）、汽车等不同的设备上。

总之，鸿蒙系统的技术架构是全面而复杂的，凭借其独特的设计，鸿蒙系统实现了各种设备间的连接与数据的共享交换，为用户提供了更加便捷的智慧化服务体验。

1.2 鸿蒙系统技术特征

鸿蒙系统具有一系列显著的技术特征，包括一次开发，多端部署；可分可合，自由流转；统一生态，原生智能。这些特征使其在万物互联的全场景智慧时代中脱颖而出。

1.2.1 一次开发，多端部署

"一次开发，多端部署"指的是一套工程，一次开发上架，多端按需部署，其目的是支撑开发者高效地开发多种终端设备上的应用，如图 1-2 所示。

图 1-2 一次开发，多端部署

为了实现这一目标，鸿蒙系统提供了几个核心能力，包括多端开发环境、多端开发能力以及多端分发机制。

1. 多端开发环境

鸿蒙集成开发环境 DevEco Studio 是面向全场景多设备的一站式开发平台，支持多端双向预览、分布式调试、分布式调优、超级终端模拟、低代码可视化开发等功能，可以帮助开发者降低开发成本、提高开发效率与质量。DevEco Studio 提供的核心能力如图 1-3 所示。

图 1-3　DevEco Studio 提供的核心能力

2. 多端开发能力

应用若想在多个设备上运行，需要适配不同的屏幕尺寸和分辨率、不同的交互方式（如触摸和键盘等）、不同的硬件能力（如内存差异和器件差异等），开发成本较高。因此，多端开发能力的核心目标是降低多设备应用的开发成本。为了实现该目标，鸿蒙系统提供了几个核心能力，包括多端用户界面（User Interface，UI）适配、交互事件归一以及设备能力抽象，帮助开发者降低开发与维护的成本，提高代码复用率。

3. 多端分发机制

如果需要开发能在多个设备上运行的应用，一般会针对不同类型的设备进行开发并独立上架，开发和维护的成本较高。为了解决这个问题，鸿蒙系统提供了"一次开发，多端部署"的能力，开发者开发多设备应用时只需要构建一套工程，一次打包出多个鸿蒙系统能力包（HarmonyOS Ability Package，HAP）并统一上架，即可根据设备类型按需进行分发。除了可以开发传统的应用，开发者还可以开发元服务。元服务是一种面向未来的服务提供方式，有独立入口、免安装、可为用户提供一个或多个便捷服务的应用程序形态。鸿蒙系统为元服务提供了更多的分发入口，方便用户获取，同时增加了元服务露出的机会。

1.2.2　可分可合，自由流转

元服务是鸿蒙系统提供的一种全新的应用形态，具有独立入口，用户可通过点击、碰一碰、扫一扫等方式直接触发，无须显式安装，由程序框架后台静默安装后即可使用，可为用户提供便捷服务。

传统移动生态下，开发者通常需要开发一个原生应用版本，如果提供小程序给用户，往往需要开发若干个独立的小程序。原生鸿蒙系统支持元服务开发，开发者无须维护多套版本，先通过业务解耦将应用分解为若干元服务独立开发，然后再根据场景按需组合成复杂应用即可。

元服务基于鸿蒙系统 API 开发，支持运行在"1+8+N"设备上，供用户在合适的场景、合适的设备上便捷使用。元服务是支撑"可分可合，自由流转"的轻量化程序实体，使开发者的服务可以更快触达用户。

1. 可分可合

在开发态，开发者通过业务解耦，把不同的业务拆分为多个模块；在部署态，开发者可以将一个或多个模块自由组合，打包成不同的应用程序包（Application Package，App Pack）并统一上架；在分发运行态，每个 HAP 都可以单独分发以满足用户单一的使用场景，也可以将多个 HAP 组合分发以满足用户更加复杂的使用场景。

2. 自由流转

传统应用只能在单个设备上运行，当用户有多个设备，且要完成多个任务时，则需要在多个设备间来回切换。因此，应用具备在设备之间流转，并不间断地给用户提供服务的能力变得非常重要。

鸿蒙系统提供了自由流转的能力，使开发者可以方便地开发出跨越多个设备的应用，用户也能够方便地使用这些应用。

自由流转可分为跨端迁移和多端协同两种情况，前者是时间上的串行交互，后者是时间上的并行交互。自由流转不仅带给用户全新的交互体验，还为开发者搭建了一座从单设备时代通往多设备时代的桥梁。

1.2.3　统一生态，原生智能

鸿蒙系统作为华为公司推出的一款分布式操作系统，旨在统一生态，实现原生智能。这一系统不仅对传统的单设备系统能力进行了扩展，还提出了基于同一套系统能力、适配多种终端形态的分布式理念。这意味着鸿蒙系统能够支持手机、平板电脑、智能穿戴设备、智慧屏、车机设备等多种终端设备，为用户提供了更加便捷和全面的智能体验。

1. 统一生态

移动操作系统和桌面操作系统的跨平台应用开发框架不尽相同，从渲染方式的角度可以归纳为网页视图（WebView）渲染、原生渲染和自渲染 3 类，鸿蒙系统提供了对应的 WebView 组件、ArkUI 框架和自定义渲染（XComponent）组件来支撑这 3 种类型的跨平台应用开发框架的接入。主流跨平台应用开发框架已有适配鸿蒙系统的版本，基于这些框架开发的应用可以以较低成本迁移到鸿蒙系统。

2. 原生智能

鸿蒙系统内置强大的人工智能（Artificial Intelligence，AI）能力，面向鸿蒙应用开发，通过不同层次的 AI 能力开放，可以满足开发者在不同开发场景下的诉求，降低应用的开发门槛，帮助开发者快速实现应用智能化。

1.3　鸿蒙应用开发套件

鸿蒙应用开发套件包含视觉设计套件、开发套件、测试套件、运维套件等，如图 1-4 所示，通过鸿蒙应用开发套件，开发者可以高效开发鸿蒙应用、元服务。

- HarmonyOS Design：鸿蒙系统视觉设计套件。
- ArkTS：鸿蒙应用开发语言。
- ArkUI：鸿蒙应用开发框架。

- ArkCompiler：方舟编译器。
- DevEco Studio：鸿蒙集成开发环境。
- DevEco Testing：鸿蒙测试套件。
- AppGallery Connect：鸿蒙应用发布套件。

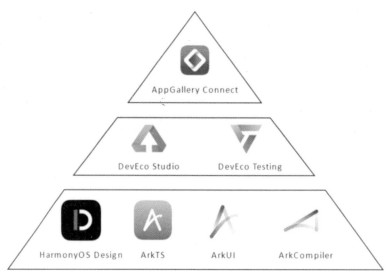

图 1-4　鸿蒙应用开发套件

1. 鸿蒙系统视觉设计套件

鸿蒙系统视觉设计套件（HarmonyOS Design）支持跨设备的超级终端一拖即连，万能卡片轻轻一滑即可获取所需信息，文件中转站、智慧视觉等创新功能，带来全场景智慧生活新体验。它涵盖全面的全场景设计规范，丰富的设计资源，以及高效的设计工具，可以帮助开发者提高开发效率。

（1）全面的全场景设计规范

设计规范包括设计理念、人因研究、应用架构、人机交互、视觉风格、动效、音效、多态控件、界面用语、全球化、无障碍、隐私设计等。

（2）丰富的设计资源

鸿蒙系统提供上千种图标资源，媒体音效专项分类，快速开发调用；字体再升级，支持 GB 18030—2022 实现级别 2 的汉字。

（3）高效的设计工具

鸿蒙系统支持响应式布局，提供了 8 种布局方法，控件元素可以自由组合，以无缝适配多尺寸界面。鸿蒙系统首创自适应 UI 引擎，自动学习优化布局，提高开发效率，保证实现效果；提供支持手机、平板电脑、折叠屏、智慧屏、智能座舱等多设备多品类的响应式布局模板，以支撑快速设计开发。

2. 鸿蒙应用开发语言 ArkTS

ArkTS 是鸿蒙应用的原生开发语言，其源码文件扩展名通常为 ".ets"。它在保持编程语言 TypeScript（简称 TS）基本语法风格的基础上，对 TS 的动态类型特性施加更严格的约束，引入静态类型，同时提供声明式 UI、状态管理等相应的能力，让开发者以更简洁、更自然的方式开发高性能应用。

ArkTS 最重要的特性之一是静态类型。相比于只在编译时进行类型检查的 TS，ArkTS 会将编译时确定的类型应用到运行性能优化中。由于在编译时就可以确定对象布局，对象属性的访问将更加高效。

未来，ArkTS 会结合应用开发以及运行时的需求持续演进，引入包括并行和并发能力增强、类型系统增强等方面的语言特性，进一步提升 ArkTS 应用的开发和运行体验。

3. 鸿蒙应用开发框架 ArkUI

ArkUI 是鸿蒙原生的 UI 开发框架，它给开发者提供了两种开发方式：基于 ArkTS 的声明式开发范式和基于 JS 扩展的类 Web 开发范式。声明式开发范式更加简洁、高效，类 Web 开发范式对 Web 及前端开发者更友好。另外，ArkUI 还提供了 API 扩展机制，通过此种机制可以封装风格统一的 JS 接口。

（1）声明式开发范式

声明式开发范式通过语言增强、渲染管线扁平化、最小化更新等手段，在功能和性能方面有了全面提升。相同场景下，采用声明式开发范式进行应用开发的代码更为精简，并且在性能、内存方面实现了进一步的优化和提升。

在未特别声明的情况下，本书的案例均默认采用声明式开发范式进行开发。

（2）类 Web 开发范式

类 Web 开发范式使用鸿蒙系统标记语言（HarmonyOS Markup Language，HML）文件进行布局搭建，使用串联样式表（Cascading Style Sheets，CSS）文件进行样式描述，使用 JS 文件进行逻辑处理。UI 组件与数据之间通过单向数据绑定的方式建立关联，当数据发生变化时，UI 会自动更新。

4. 方舟编译器

方舟编译器（ArkCompiler）是华为推出的一个高性能编译器，旨在提升应用程序的执行效率和优化用户体验。它是华为自主研发的统一编程平台。

方舟编译器支持多种编程语言、多种芯片平台的联合编译与运行，能够将高级语言（如 C 语言、Java）静态编译成机器码，消除了虚拟机动态编译的额外开销，从而显著提高应用程序的运行效率。这种静态编译机制使得应用在运行时无须再次编译，减少了资源消耗，提高了系统响应速度和操作流畅度。

5. 鸿蒙集成开发环境

DevEco Studio 是面向鸿蒙生态的集成开发环境，提供了一站式的鸿蒙应用、元服务开发能力，如图 1-5 所示。

图 1-5　鸿蒙集成开发环境

（1）工程管理

工程管理功能包括工程向导、工程模板、鸿蒙视图、软件开发工具包（Software Development Kit，SDK）管理、样例导入等，并提供模板市场，支持扩展丰富的模板。开发者可以方便地安装和更新鸿蒙 SDK，利用模板创建鸿蒙应用、元服务，使用鸿蒙视图聚焦到关键文件及配置，通过导入样例快速学习鸿蒙 API 的用法。

（2）代码编辑

针对 ArkTS 及 ArkUI 框架，DevEco Studio 提供了代码补全、跳转、校验、重构、高亮、折叠、格式化等一系列编辑功能，辅助开发者便捷地阅读代码，高效地编写代码，实时地纠正代码错误。相较于传统的代码编辑，DevEco Studio 结合了人工智能技术，根据待补全位置的上下文代码特征进行预测和推荐，使补全项更精准，推荐内容更完整，开发者可以更快速地完成鸿蒙应用、元服务开发。同时，DevEco Studio 内置鸿蒙应用、元服务开发最佳编程规范校验功能，实时提示代码错误，支持快速纠错，可高效地将建议修复结果应用于代码中。

（3）界面预览

在开发过程中，开发者需频繁修改界面代码，查看对应的呈现效果，确保开发成果与预期目标一致。在传统的开发模式下，开发者每次修改完代码都需要执行编译构建，并推送应用到设备上重新运行，这样才能查看界面的呈现效果，整个过程冗长，会产生极大的时间浪费。DevEco Studio 提供了界面预览功能，使开发者可以更方便、快速地调测应用界面，大幅提高界面开发效率。

（4）编译构建

DevEco Hvigor 是华为自研的轻量级编译构建工具，可对编译操作进行任务化管理，为开发者提供自动化的构建服务。其具备强大的构建能力，支持多种语言（ArkTS、C/C++等）、多种文件（低代码描述文件、资源文件等）的快速编译，最终生成 HAP/App 包。

（5）代码调试

在开发过程中，代码调试是使用频率最高的功能之一，开发者可以使用断点跟踪或日志分析快速定位代码缺陷。DevEco Studio 提供了常用的代码调试功能，如设置断点（普通断点、条件断点、异常断点、符号断点等）、断点跳转、变量值查询、表达式计算、调试堆栈、命令行工具等。此外，基于鸿蒙系统的特点，DevEco Studio 还提供了分布式调试、跨语言调试、热重载、反向调试等功能，进一步提高开发效率。

（6）性能调优

应用的运行性能至关重要，卡顿、发热、电量消耗过快等问题都会导致用户体验恶化，造成用户流失。性能调优是鸿蒙应用开发阶段非常重要的一环，然而该环节充满挑战，需要开发者了解应用程序框架、系统、硬件等各方面的知识，并对多维度性能数据进行综合分析。为了降低性能调优的难度，DevEco Studio 推出了场景化调优工具 DevEco Profiler。

（7）设备模拟

DevEco Studio 提供了设备模拟功能，可以解决鸿蒙应用、元服务开发过程中遇到的真机设备不足、无分布式应用调试环境等问题，为开发者提供低成本、易获取的调测验证环境。

（8）命令行工具

DevEco Studio 提供了一系列命令行工具，辅助开发者更高效地管理 SDK、设备，提高调试、调优的效率，目前提供的命令行工具如下。

① sdkmgr：查看、安装和卸载鸿蒙 SDK。

② hdc：负责管理设备和设备、本地和设备之间的文件传输、安装和卸载应用、启动和终止应用。

③ bytrace：对内核进行封装和扩展，配合应用打点，追踪进程轨迹，分析应用性能。

6. 鸿蒙测试套件

鸿蒙测试套件（DevEco Testing）是专门用于鸿蒙系统的测试套件，它为开发者提供了一系列测试工具和框架，帮助开发者对鸿蒙应用进行全面的测试。

7. 鸿蒙应用发布套件

鸿蒙应用发布套件（AppGallery Connect）为开发者提供了一个集中的平台，用于将开发好的鸿蒙应用或元服务发布到华为应用市场，方便用户下载和使用；便于开发者在 AppGallery Connect 中创建项目，并对项目的各项信息（如应用的基本信息、版本信息等）进行配置，确保应用的相关信息准确无误地展示给用户；协助开发者完成应用的签名操作，通过生成和管理数字证书与 profile 文件，保证应用的完整性和安全性，确保只有经过授权的应用才能在鸿蒙系统中正常运行和分发。

8. 鸿蒙软件开发工具包

鸿蒙软件开发工具包（HarmonyOS Software Development Kit）也称鸿蒙 SDK，包含鸿蒙应用开发所需的 API 集合和基础工具集。

（1）ArkTS API

ArkTS 是鸿蒙系统主推的应用开发语言。因此，鸿蒙系统提供给开发者的 API 绝大部分是 ArkTS API。

鸿蒙系统提供的 API 非常丰富，具备应用服务、声明式 UI、多媒体处理、图形窗口、通信、安全、Web 和 AI 等诸多能力。

鸿蒙系统是分布式操作系统，一套 SDK 可适配多设备的开发。开发者在集成开发环境（Integrated Development Environment，IDE）中创建的工程适配哪些设备，在工程中就可以使用这些设备支持的 API，而不需要下载多个 SDK。随着时间的推移，鸿蒙系统会发布新的版本，每个版本都会有配套的 API 更新。为了让开发者更容易理解，在 API 的元信息上会标记该 API 可用的最低操作系统版本。

（2）C API

鸿蒙应用的主要开发语言是 ArkTS，同时提供使用原生语言（Native）开发 ArkTS 模块的扩展方式，鸿蒙系统支持这种开发方式的 C 语言接口叫 C API。C API 也包含在鸿蒙 SDK 中，方便开发者使用 C 语言或者 C++实现应用的相应功能。

C API 只覆盖了鸿蒙系统的部分基础底层能力（如 libc、图形库、窗口系统、多媒体、压缩库等），并没有完全提供类似于 ArkTS API 上的完整鸿蒙平台能力，开发者可以使用 C API 开发支持鸿蒙应用开发框架的扩展动态库，通过 import 语句导入 ArkTS 环境中使用。建议使用 C API 的场景包括应用性能敏感场景，如游戏、物理模拟等计算密集型场景；复用已有的 C 或 C++库场景；需要针对 CPU 特性进行专项定制的场景，如新一代对象引擎（New Engine for Next Generation Object，NEON）加速等。

（3）N-API

N-API 提供了使用 C/C++封装操作 ArkTS 对象的能力，使用类 Node 的命名风格。开发者可以使用 C/C++开发业务，通过 N-API 实现跨语言调用，更方便地使用高性能 C 语言能力。开发者开发一个 C/C++的 ArkTS 扩展库后，在 ArkTS 侧可以通过 import 语句引入这个扩展库。

（4）方舟工具链

在传统的 JS 程序开发过程中，应用程序往往会包含经过前端打包工具处理的 JS bundle 文件，在程序运行阶段进行解释执行；这种运行方式需要设备有强大的计算能力。鸿蒙系统能够支持从低端的物联网设备到高性能手机设备等各类设备。采用传统的方式，无法保证多类型设备的体验一致性。

在鸿蒙应用开发环境中，应用代码是通过前端编译器编译的。前端编译器按照语言规范解析源代码，编译成方舟运行时能够理解的方舟字节码（Ark Bytecode），最后打包到应用中。是否有前端编译器是鸿蒙应用开发框架与其他 JS 应用开发框架最主要的区别之一。

【项目实现】搭建鸿蒙应用开发环境

公司唐工程师分析了目前常用的鸿蒙应用开发环境搭建方式，把此项目分成两个任务来实现，分别是安装 DevEco Studio 和创建首个鸿蒙应用程序。

任务 1-1　安装 DevEco Studio

1. 任务分析

安装 DevEco Studio 并不难，但要选择适当的配置方法。

2. 实现步骤

下面介绍在 Windows 10 环境下安装并配置 DevEco Studio 的过程。

（1）下载和安装 DevEco Studio

访问 DevEco Studio 的官网，根据不同的操作系统下载 DevEco Studio。此处单击 DevEco Studio for Windows 5.0.5.315（2.4GB）按钮，下载的文件是 devecostudio-windows-5.0.5.315.zip，如图 1-6 所示。

图 1-6　单击 DevEco Studio for Windows 5.0.5.315（2.4GB）按钮

① 解压下载的文件，得到文件 deveco-studio-5.0.5.315.exe，双击此文件，进入 DevEco Studio 安装向导的"选择安装位置"界面，然后单击"下一步"按钮，进入下一步。

② 单击"浏览"按钮，选择安装目录"F:\Huawei\DevEco"，如图 1-7 所示，然后单击"下

一步"按钮，进入下一步。

图 1-7　选择安装目录

③ 单击"下一步"按钮，进入"安装选项"界面，勾选此界面中的全部复选框，如图 1-8 所示。

图 1-8　勾选此界面的全部复选框

④ 单击"下一步"按钮，进入"选择开始菜单目录"界面，如图 1-9 所示。

图 1-9　"选择开始菜单目录"界面

⑤ 单击"安装"按钮开始安装，进入"安装中"界面，如图 1-10 所示。

图 1-10 "安装中"界面

⑥ 安装完成后自动进入"DevEco Studio 安装程序结束"界面，选中"是，立即重新启动"单选按钮后单击"完成"按钮，如图 1-11 所示。

图 1-11 "DevEco Studio 安装程序结束"界面

（2）配置 DevEco Studio

系统重启后，双击桌面上的"DevEco Studio"图标，运行 DevEco Studio，可按如下步骤配置。

① 进入"Import DevEco Studio Settings"界面，选中"Do not import settings"单选按钮，如图 1-12 所示。

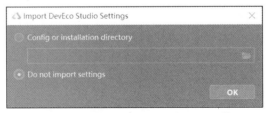

图 1-12 "Import DevEco Studio Settings"界面

② 单击"OK"按钮，进入"Welcome to HUAWEI DevEco Studio"界面，如图 1-13 所示。

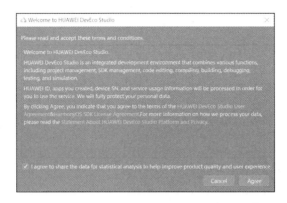

图 1-13　"Welcome to HUAWEI DevEco Studio"界面

③ 单击"Agree"按钮，进入"Welcome to DevEco Studio"界面，如图 1-14 所示。

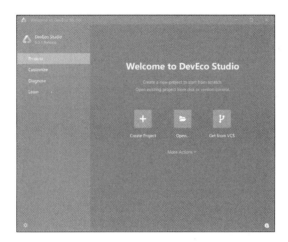

图 1-14　"Welcome to DevEco Studio"界面

至此，DevEco Studio 的安装配置完成。

任务 1-2　创建首个鸿蒙应用程序

1. 任务分析

创建首个鸿蒙应用程序，此程序显示简单的欢迎词来测试鸿蒙应用开发环境。

2. 实现步骤

（1）启动 DevEco Studio，进入 DevEco Studio 欢迎界面，单击"Create Project"按钮，进入"Choose Your Ability Template"（选择模板）界面，选择默认的"Empty Ability"模板，如图 1-15 所示。

（2）单击"Next"按钮，进入"Configure Your Project"界面，如图 1-16 所示。在"Project name"处填写"project1"，在"Bundle name"处填写"com.zidb.project1"，在"Save location"处填写"F:\Huawei\project\project1"，在"Device type"处勾选"Car"复选框，其他使用默认值，单击"Finish"按钮。

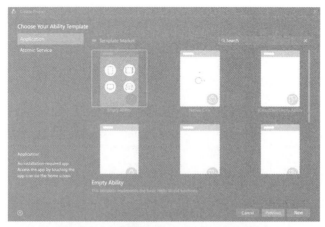

图 1-15 选择默认的"Empty Ability"模板

图 1-16 "Configure Your Project"界面

（3）项目创建成功后，将默认的文字"Hello World"改为"云林科技欢迎你"，单击右侧的"Previewer"按钮（首次启用"Previewer"会弹出"Tutorial"界面，直接关闭即可），再单击右上方的"LivePreview"按钮，预览项目效果，如图 1-17 所示。

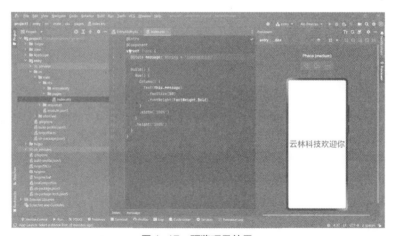

图 1-17 预览项目效果

3. 运行效果

鸿蒙应用程序除了在 DevEco Studio 的预览器中运行，如图 1-17 所示，还可在模拟器和真机上运行，下面讲解在模拟器上运行的步骤。

（1）单击 DevEco Studio 的"Tools"主菜单，从下拉菜单中选择"Device Manager"命令。首次运行会进入"HarmonyOS Software License and Service Agreement"（鸿蒙软件许可和服务协议）界面，如图 1-18 所示。

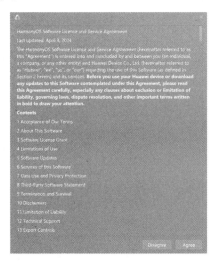

图 1-18　鸿蒙软件许可和服务协议

（2）单击"Agree"按钮，进入"Device Manager"对话框的"Your Devices"界面，单击"Edit"按钮，将"Local Emulator Location"设置为"F:/Huawei/Emulator"，如图 1-19 所示。

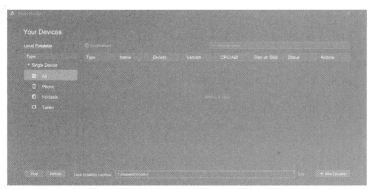

图 1-19　"Your Devices"界面

（3）单击"+New Emulator"按钮，弹出"DevEco Virtual Device Configuration"对话框的"Select Virtual Device"界面，单击"Edit"按钮，将"Local Image Location"设置为"F:/Huawei/sdk"，如图 1-20 所示。

（4）单击"Huawei_Phone"这一栏后的下载图标，进入"SDK Setup"对话框的"License Agreement"界面，在左边选择"HarmonyOS-SDK"命令，右侧选中"Accept"单选按钮，如图 1-21 所示。

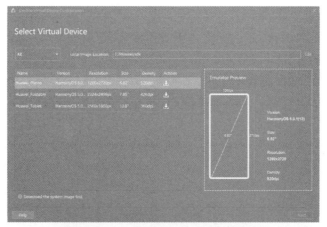

图 1-20　"Select Virtual Device"界面

图 1-21　"License Agreement"界面

（5）单击"Next"按钮，进入"SDK Setup"对话框的"SDK Components Setup"界面，正式下载安装 SDK，如图 1-22 所示。

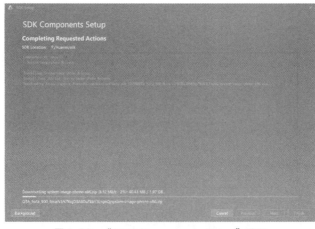

图 1-22　"SDK Components Setup"界面

（6）完成 SDK 的安装后，单击"Finish"按钮，返回"Select Virtual Device"界面，此时"Huawei_Phone"这一栏没有下载的提示了，单击"Next"按钮，进入"Virtual Device Configure"界面，将"Name"设置为"HuaweiP70"，其他选项默认，如图 1-23 所示。

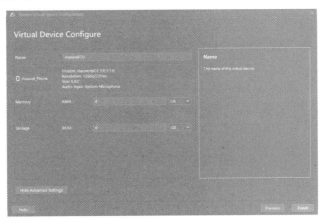

图 1-23　"Virtual Device Configure"界面

（7）单击"Finish"按钮，在弹出的"The device is successfully created."对话框中单击"OK"按钮，完成模拟器的创建，如图 1-24 所示。

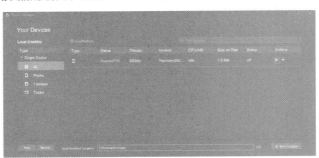

图 1-24　成功创建模拟器

（8）单击"Actions"下的绿色三角形按钮，运行模拟器，运行成功后再单击"HuaweiP70"后边的按钮，就可以运行项目了，如图 1-25 所示。

图 1-25　项目在模拟器上运行成功

【小结及提高】

通过学习本项目，读者可以了解鸿蒙系统的发展历程，掌握鸿蒙系统技术架构、鸿蒙系统技术特征以及鸿蒙应用开发套件，能根据需求进行鸿蒙应用开发环境的搭建和配置。

鸿蒙在中国传统文化中象征着宇宙形成前的混沌状态，寓意着万物的起源和初始，代表着鸿蒙系统的基石作用。同时，在《庄子》等古代典籍中将鸿蒙描述为一个神仙，负责制作天地间的元气，这种神话色彩也赋予了鸿蒙神秘而强大的形象，象征着鸿蒙系统在技术上的创新。此外，鸿蒙还代表着开源和包容，符合鸿蒙系统能够实现多种设备的无缝连接的定位。鸿蒙系统的出现为我国在操作系统这一关键基础软件领域实现自主可控提供了可能，降低了我国对外国操作系统的依赖，保障了国家信息安全和产业安全，体现了为国家战略需求服务、助力民族复兴的家国情怀。

【项目实训】

1. 实训要求

"项目实现"是通过模拟器来运行项目的，对用户的计算机性能要求较高，模拟器无法完全模拟所有硬件设备的特定功能，特别是有些需要特定硬件支持的功能。此外，模拟器也无法提供与真实硬件设备的实时交互能力。所以想真正地检验和运行项目，则需要连接真机来运行项目。

请在计算机上连接安装了鸿蒙系统的真机（手机）来运行项目。

2. 实训步骤

（1）使用 USB 方式将手机连接到计算机。

（2）在手机"设置"→"系统"→"开发者选项"中，打开"USB 调试"开关。

（3）运行项目。

【习题】

一、简答题

1. 请简述鸿蒙系统的技术架构。

2. 请简述鸿蒙系统的核心技术特征。

二、操作题

1. 请在计算机上搭建鸿蒙应用开发环境。

2. 请在计算机上安装模拟器。

3. 请给 DevEco Studio 设置中文界面。

4. 请编写一个简单的鸿蒙应用，输出自己的班级、姓名等基本信息。

项目2
设计转盘式抽奖程序

02

【项目导入】

云林科技将在年终晚会上举行一个转盘式抽奖活动，因此需要开发一个转盘式抽奖程序，公司经理把这个任务交给了技术部的汪工程师，并提出程序要有美观的界面，可以方便地进行各种操作，同时，只需使用手机就可参与等要求。转盘式抽奖程序界面如图 2-1 所示。

图 2-1　转盘式抽奖程序界面

【项目分析】

完成本项目需要用到鸿蒙应用开发基础知识（应用程序包、应用配置文件、资源分类与访问、应用开发语言基础、应用开发框架基础）、UI 常用布局、UI 常用组件等知识。

【知识目标】

- 了解鸿蒙应用开发基础。
- 熟悉常用的响应式布局。
- 掌握媒体组件和绘制组件。

- 熟悉常用的自适应布局。
- 掌握基础组件和容器组件。

【能力目标】

- 能够熟练使用常用的自适应布局。
- 能够综合使用基础组件、容器组件、媒体组件、绘制组件来解决问题。

- 能够熟练使用常用的响应式布局。

【素养目标】

具有追求卓越和精益求精的工匠精神。

【知识储备】

2.1 鸿蒙应用开发基础

开发鸿蒙应用程序既要了解鸿蒙的应用程序包、应用配置文件以及资源分类及其访问方法，还要掌握应用开发语言和应用开发框架等基础知识。

2.1.1 鸿蒙应用程序包

鸿蒙应用程序泛指运行在鸿蒙系统上，为用户提供特定服务的程序，简称"鸿蒙应用"。一个应用程序所对应的软件包，称为"应用程序包"。

鸿蒙系统提供了开发、安装、查询、更新和卸载应用程序包等功能，便于开发者开发和管理应用。鸿蒙系统还兼容不同芯片平台，应用程序包可以在不同的芯片平台安装运行，这使得开发者可以聚焦于应用的功能实现。

鸿蒙应用程序包的结构在开发态、编译态、发布态等不同阶段的区别如下。

1. 开发态包结构

在 DevEco Studio 中创建一个项目，并尝试创建多个不同类型的模块。在图 1-1 中可以看到，开发态下应用程序包主要包含的目录与文件如下。

（1）AppScope 目录

AppScope 目录由 DevEco Studio 自动生成，不可更改。

（2）Module 目录

Module 目录的名称可以由 DevEco Studio 自动生成（如 entry、library 等），也可以自定义。为了便于说明，下面统一使用 Module_name 表示。

（3）配置文件

配置文件包括应用级配置文件、Module 级配置文件和其他配置文件。

① 应用级配置文件

app.json5（位于 AppScope 目录下）配置文件用于声明应用的全局配置信息，如应用 Bundle

名称、应用名称、应用图标、应用版本号等。

② 模块级配置文件

module.json5（位于 Module_name\src\main 目录下）配置文件用于声明模块基本信息、支持的设备类型、所含的组件信息、运行所需申请的权限等。

③ 其他配置文件

其他配置文件用于编译构建，包括构建配置文件（build-profile.json5）、编译构建任务脚本（hvigorfile.ts）、混淆规则文件（obfuscation-rules.txt）、依赖库文件（oh-package.json5）等。

（4）ArkTS 源码文件

ArkTS 源码文件（位于 Module_name\src\main\ets 目录下）的扩展名为 ".ets"。

（5）资源文件

资源文件包括应用级资源文件（位于 AppScope\resources 目录下）和模块级资源文件（位于 Module_name\src\main\resources 目录下），支持图形、多媒体、字符串、布局等文件。

2. 编译态包结构

不同类型的模块编译后会生成对应的 HAP、静态共享包（Harmony Archive，HAR）、动态共享包（Harmony Shared Package，HSP）等文件。从开发态到编译态，Module 目录下的文件会发生如下变更。

（1）ets 目录：ArkTS 源码被编译生成.abc 文件。

（2）resources 目录：AppScope 目录下的资源文件会合入 Module 目录下的 resources 目录，如果两个目录下存在同名文件，编译打包后只会保留 AppScope 目录下的资源文件。

（3）module.json5 配置文件：AppScope 目录下 app.json5 文件的字段会合入 Module 目录下的 module.json5 文件，编译后生成 HAP 或 HSP 的最终 module.json 文件。

在编译 HAP 和 HSP 时，它们所依赖的 HAR 会直接编译到 HAP 和 HSP 中。

3. 发布态包结构

每个应用至少包含一个.hap 文件，可能包含若干个.hsp 文件；每个应用的所有.hap 文件与.hsp 文件合在一起称为包（Bundle），其对应的包名（bundleName）是应用的唯一标识。

发布应用时，需要将 Bundle 打包为一个.app 文件用于上架，这个.app 文件称为 App Pack，与此同时，DevEco Studio 会自动生成一个 pack.info 文件。pack.info 文件描述了 App Pack 中每个 HAP 和 HSP 的属性，包含 App 的包名和版本编号（versionCode）信息，以及模块的名称、类型和能力等信息。

2.1.2 鸿蒙应用配置文件

每个应用的代码目录下必须有应用级配置文件，这些配置文件会向编译工具、操作系统和应用市场提供应用的基本信息。

在基于 Stage 模型开发的应用的代码目录下，都存在一个 app.json5 配置文件，以及一个或多个 module.json5 配置文件。

1. app.json5 配置文件

app.json5 配置文件主要包含以下内容。

（1）应用的全局配置信息，包含应用的包名、开发厂商、版本号等基本信息。

（2）特定设备类型的配置信息。

示例如下。

```
{
  "app": {
    "bundleName": "com.example.project1",
    "vendor": "example",
    "versionCode": 1000000,
    "versionName": "1.0.0",
    "icon": "$media:app_icon",
    "label": "$string:app_name"
  }
}
```

2. module.json5 配置文件

module.json5 配置文件主要包含以下内容。

（1）模块的基本配置信息，包含模块名称、类型、描述、支持的设备类型等。

（2）应用组件信息，包含 UIAbility 组件和 ExtensionAbility 组件的描述信息。

（3）应用运行过程中所需的权限信息。

2.1.3 鸿蒙资源分类与访问

应用开发中会使用各类资源文件，需要将它们存放到特定子目录下。

1. 资源分类

在资源目录（resources 目录）中常见的子目录有 base 目录、限定词目录、rawfile 目录、resfile 目录和资源组目录等。

（1）base 目录

base 目录是默认存在的目录，二级子目录 element 用于存放字符串、颜色、布尔值等基础元素，media 目录、profile 目录用于存放媒体、动画、布局等资源文件。

base 目录下的资源文件会被编译成二进制文件，并被赋予身份标识号（identity document，id），可以通过指定资源类型（type）和资源名称（name）访问。

（2）限定词目录

en_US 目录和 zh_CN 目录是两个默认存在的限定词目录，其余限定词目录需要开发者根据开发需要自行创建。二级子目录 element、media、profile 用于存放字符串、颜色、布尔值等基础元素，以及媒体、动画、布局等资源文件。

同样，限定词目录下的资源文件会被编译成二进制文件，并被赋予 id，可以通过指定资源类型（type）和资源名称（name）访问。

（3）rawfile 目录

rawfile 目录支持创建多级子目录，子目录可以自定义名称，还可以自由放置各类资源文件。

rawfile 目录下的资源文件会被直接打包进应用，不经过编译，也不会被赋予 id，可以通过指定文件路径和文件名访问。

（4）resfile 目录

resfile 目录支持创建多级子目录，子目录可以自定义名称，还可以自由放置各类资源文件。

resfile 目录下的资源文件会被直接打包进应用，不经过编译，也不会被赋予 id。应用安装后，resfile 资源会被解压到应用沙箱路径，通过 Context 属性 resourceDir 获取到 resfile 资源目录后，可通过文件路径访问。

（5）资源组目录

资源组目录包括 element、media、profile 这 3 种类型，用于存放特定类型的资源文件。

2. 资源访问

对于单 HAP 应用资源，可通过如下方式访问。

（1）通过$r 或$rawfile 访问资源

对于 color、float、string、plural、media、profile 等类型的资源，可以通过$r('app.type.name') 形式访问。其中，app 为 resources 目录下定义的资源；type 为资源类型；name 为资源名，由开发者定义资源时确定。

对于 string.json 中使用多个占位符的情况，可以通过$r('app.string.label','aaa','bbb',333) 形式访问。

对于 rawfile 目录资源，可以通过$rawfile('filename') 形式访问。其中，filename 为 rawfile 目录下文件的相对路径，文件名需要包含扩展名，路径不能以 "/" 开头。

（2）通过应用上下文获取 ResourceManager 后调用资源管理接口访问资源

例如，getContext().resourceManager.getStringByNameSync('test') 可获取字符串资源；getContext().resourceManager.getRawFd('rawfilepath') 可获取 rawfile 目录所在 HAP 的 descriptor 信息。

2.1.4 鸿蒙应用开发语言基础

随着移动设备在人们的日常生活中越来越普及，针对移动环境的编程语言优化需求日益增长。ArkTS 可以满足这些需求，它是一种为构建高性能应用而设计的编程语言。ArkTS 在 TypeScript 语法的基础上进行了优化，以提高性能和开发效率。

与 JS 的互通性是 ArkTS 设计中的关键考虑因素。鉴于许多移动应用开发者希望重用其 TypeScript 和 JS 的代码和库，ArkTS 实现了与 JS 的无缝互通，这意味着开发者可以利用现有的代码和库进行 ArkTS 开发。

1. 基础语法

ArkTS 通过声明引入变量、常量、函数和数据类型。

（1）变量声明

以关键字 let 开头的声明引入变量，该变量在程序执行期间可以具有不同的值。

```
let hi: string = 'hello';
hi = 'hello, world';
```

（2）常量声明

以关键字 const 开头的声明引入只读常量，该常量只能被赋值一次。

```
const hello: string = 'hello';
```

（3）自动推断数据类型

在 ArkTS 中，所有数据的类型都必须在编译时确定，若一个变量或常量的声明包含初始值，就不需要显式指定其类型。

以下示例中，两条声明语句都是有效的，两个变量都是 String 类型。

```
let hi1: string = 'hello';
let hi2 = 'hello, world';
```

（4）数据类型

ArkTS 的数据类型包括数字（Number）类型、布尔（Boolean）类型、字符串（String）类型、无（Void）类型、对象（Object）类型、数组（Array）类型、枚举（Enum）类型、联合（Union）类型、匿名（Aliases）类型等。

任何整数和浮点数都可以被赋给数字类型的变量，其中整数可以是十进制数、十六进制数、八进制数或二进制数，而浮点数只能是十进制数（可以是普通的十进制数，也可以带有指数）。

常用数据类型的示例如下。

```
let n1 = 117;//十进制整数
let n2 = 0x1123;//十六进制整数
let n3 = 0b11;//二进制整数
let n4 = 3.141592;//浮点数
let isDone1: boolean = false;//布尔类型
let s1 = 'Hello, world!\n';//字符串类型
let a = 'Success';//字符串类型
let s3 = `The result is ${a}`;//反引号引起来的模板字符串类型
let names: string[] = ['Alice', 'Bob', 'Carol'];//数组类型
enum ColorSet1 { Red, Green, Blue } //枚举类型
let c1: ColorSet1 = ColorSet1.Red;
//常量表达式可以用于显式设置枚举常量的值
enum ColorSet2 { White = 0xFF, Grey = 0x7F, Black = 0x00 }
let c2: ColorSet2 = ColorSet2.Black;
```

（5）运算符

ArkTS 的运算符包括算术运算符、逻辑运算符、赋值运算符、比较运算符等。

① 算术运算符

算术运算符包括一元运算符和二元运算符，其中一元运算符有负号（-）、正号（+）、自减（--）、自增（++），二元运算符有加法（+）、减法（-）、乘法（*）、除法（/）、取余（%）。

② 逻辑运算符

逻辑运算符有逻辑与（&&）、逻辑或（||）、逻辑非（!）。

③ 赋值运算符

赋值运算符为"="，使用方式如 x=y。

④ 比较运算符

比较运算符有严格相等（===）、严格不相等（!==）、相等（==）、不相等（!=）、大于（>）、大于或等于（>=）、小于（<）、小于或等于（<=）。

（6）语句

ArkTS 的语句包括 if 语句、switch 语句、条件表达式、for 语句、for-of 语句、while 语句、do-while 语句、break 语句、continue 语句等。

① If 语句

if 语句用于需要根据逻辑条件执行不同语句的场景。当逻辑条件为真时，执行对应的一组语句，否则执行另一组语句（如果有的话）。另外，else 部分也可以包含 if 语句。示例如下。

```
let s1 = 'Hello';
if (s1) {
  console.log(s1); //输出“Hello”
}
let s2 = 'World';
if (s2.length != 0) {
  console.log(s2); //输出“World”
}
```

② switch 语句

switch 语句用来执行与表达式的值匹配的代码块，示例如下。

```
switch (expression) {
  case label1: //如果 label1 匹配，则执行
    ......
    //语句 1
    ......
    break; //可省略
  case label2:
  case label3: //如果 label2 或 label3 匹配，则执行
    ......
    //语句 23
    ......
    break; //可省略
  default:
    //默认语句
}
```

③ 条件表达式

条件表达式由第一个表达式的布尔值来决定返回其他两个表达式中的哪一个，示例如下。

condition ? expression1 : expression2

如果 condition 的值为真值（转换后为 true 的值），则使用 expression1 作为条件表达式的结果；否则，条件表达式的结果为 expression2。

④ for 语句

for 语句会被重复执行，直到循环退出语句值为 false。示例如下。

```
let sum = 0;
for (let i = 0; i < 10; i += 2) {
  sum += i;
}
```

⑤ for-of 语句

使用 for-of 语句可遍历数组或字符串。示例如下。

```
for (let ch of 'a string object') {
  //process ch
}
```

⑥ while 语句

只要 condition 的值为真值，while 语句就会执行 statements。

示例如下。

```
while (condition) {
  statements
}
```

⑦ do-while 语句

如果 condition 的值为真值，那么 statements 会重复执行。示例如下。

```
do {
  statements
} while (condition)
```

⑧ break 语句和 continue 语句

break 语句可以终止循环语句或 switch 语句，而 continue 语句会停止当前循环迭代的执行并将控制传递给下一个迭代。

2. 函数

函数声明引入一个函数，包含其名称、参数列表、返回类型和函数体。

在函数声明中，必须为每个参数标记类型。如果参数为可选参数，那么允许在调用函数时省略该参数。函数的最后一个参数可以是 rest 参数（以"…"开头，并跟随一个参数名和一个类型数组）。

可选参数的格式可为"name?: Type"，也可为"name: Type=常量"，即为参数设置默认值。函数示例如下。

```
function sum(...numbers: number[]): number {
  let res = 0;
  for (let n of numbers)
    res += n;
  return res;
}
sum(); //返回 0
sum(1, 2, 3); //返回 6
```

函数可以定义为箭头函数（又名匿名函数），示例如下。

```
let sum = (x: number, y: number): number => {
  return x + y;
}
```

箭头函数的返回类型可以省略；省略时，返回类型通过函数体推断。表达式可以指定为箭头函数，使表达更简短，因此以下两种表达方式是等价的。

```
let sum1 = (x: number, y: number) => { return x + y; }
let sum2 = (x: number, y: number) => x + y;
```

2.1.5 鸿蒙应用开发框架基础

鸿蒙原生的应用开发框架是 ArkUI，它采用 ArkTS，提供了完整的基础设施，包括简洁的 UI 语法、丰富的 UI 功能和实时界面预览工具等，支持开发者进行分布式应用界面的开发。

在项目 project1 的 Index.ets 文件源代码中，给 Relative Container 添加单击事件，其代码如下。

```
@Entry
@Component
struct Index {
```

```
    @State message: string = '云林科技欢迎你'
build() {
    RelativeContainer() {
      Text(this.message)
        .id('HelloWorld')
        .fontSize(50)
        .fontWeight(FontWeight.Bold)
        .alignRules({
          center: { anchor: '__container__', align: VerticalAlign.Center },
          middle: { anchor: '__container__', align: HorizontalAlign.Center }
        })
    }
    .height('100%')
    .width('100%')
    .onClick(()=>{
      this.message='鸿蒙欢迎你';
    })
  }
}
```

启动预览器，页面的内容就从"云林科技欢迎你"变成了"鸿蒙欢迎你"。

由此可见，一个完整的 ArkUI 页面由以下几个部分组成。

1. 装饰器

装饰器用于装饰类、结构、方法和变量，并赋予它们特殊的含义。上述示例中的@Entry、@Component 和@State 都是装饰器，@Component 表示自定义组件，@Entry 表示该自定义组件为入口组件，@State 表示组件中的状态变量，状态变量变化会触发 UI 刷新。

2. UI 描述

ArkUI 以声明的方式来描述 UI 的结构，如 build()方法中的代码块。

3. 自定义组件

自定义组件是可复用的 UI 单元，可组合其他组件，如上述示例中被@Component 装饰的 struct Index。

4. 系统组件

系统组件是指 ArkUI 框架中内置的基础组件和容器组件，可直接被开发者调用，如上述示例中的 Column、Text。

5. 属性方法

组件可以通过链式调用配置多项属性，如 fontSize()、width()、height()、backgroundColor()等。

6. 事件方法

组件可以通过链式调用设置多个事件的响应逻辑，如跟随在 Row 后面的 onClick()。

除此之外，ArkUI 扩展了多种语法范式来使开发更加便捷。

7. 自定义构建函数

自定义构建函数是指由@Builder 装饰的函数，加上@BuilderParam 的配合传参，可以更好地封装 UI 描述的方法，实现细粒度的封装和复用 UI 描述。

8. 定义扩展组件样式

组件样式可用@Styles 进行重用，在此基础上可以使用@Extend 进行样式扩展。

9. 多态样式

多态样式是指利用属性方法 stateStyles()，根据 UI 内部状态的不同来设置不同的样式。

2.2 UI 常用布局

布局指用特定的容器组件或者属性来管理 UI 组件的大小和位置，主要分为：自适应布局和响应式布局两大类。

2.2.1 自适应布局

常用的自适应布局包括线性布局、层叠布局、弹性布局、相对布局、网格布局等。

1. 线性布局

线性布局（LinearLayout）是开发中最常用的布局之一，通过容器组件 Column 和 Row 构建。线性布局是其他布局的基础，其元素在线性方向（水平方向和垂直方向）上依次排列。线性布局的排列方向由所选容器组件决定，Column 容器组件内元素按照垂直方向排列，Row 容器组件内元素按照水平方向排列。开发者可根据需要选择 Column 容器组件或 Row 容器组件来创建线性布局。

（1）Column

Column 是沿垂直方向布局的容器组件，可以包含组件。其接口如下。

```
Column(value?: {space?: string | number})
```

其可选参数如下。

space：表示纵向布局元素在垂直方向上的间距，可选值为大于或等于 0 的数字和可以转换为数字的字符串，默认值为 0。

其支持以下常用的通用属性。

fontColor：设置字体颜色，其值可为：颜色枚举值，如 Color.Red；HEX 格式颜色，如 0xffffff；RGB 或者 RGBA 格式颜色，如'#ffffff'、'#ff000000'、'rgb(255、100, 255)'、'rgba(255, 100, 255, 0.5)'；引入系统资源或者应用资源中的颜色。

fontSize：设置字体大小，当其值为数字类型时，使用的单位为 fp（Font Pixel，字体像素），默认值为 16。

fontStyle：设置字体样式，其默认值为 FontStyle.Normal。

lineHeight：设置文本的行高，其值不大于 0 时，不限制文本行高、自适应字体大小，值为数字类型时的单位为 fp。

width：设置组件的宽度，省略时使用内容需要的宽度。默认单位为 vp（虚拟像素）。

height：设置组件的高度，省略时使用内容需要的高度。默认单位为 vp。

size：设置尺寸，单位为 vp。

padding：设置内边距。参数为 Length 时，同时作为 4 个方向上的内边距。默认值为 0，默认单位为 vp。若设置为百分比，4 个方向上的内边距均以父组件的 width 为基础进行计算。

margin：设置外边距。参数为 Length 时，同时作为 4 个方向上的外边距。默认值为 0，默认单位为 vp。若设置为百分比，4 个方向上的外边距均以父组件的 width 为基础进行计算。

align：设置容器组件内元素的对齐方式，其默认值为 Alignment.Center。

backgroundColor：设置背景色。

backgroundImage：设置背景图片，参数格式为(src: ResourceStr,repeat?: ImageRepeat)，其中，src 为图片地址，支持网络图片资源地址和本地图片资源地址，repeat 为背景图片的重复样式，默认不重复。当设置的背景图片为透明底色图片，且同时设置了 backgroundColor 时，二者叠加显示，背景颜色在底部。

其除支持以上常用的通用属性外，还支持以下属性。

alignItems：设置组件在水平方向上的对齐方式，默认值为 HorizontalAlign.Center。

justifyContent：设置组件在垂直方向上的对齐方式，默认值为 FlexAlign.Start。

【例 2-1】Column 布局示例，展示元素在水平方向和垂直方向上的对齐方式。

实现此布局的思路：设置元素在垂直方向上的间距，设置元素在水平方向上左对齐、右对齐、居中对齐，设置元素在垂直方向上居中对齐、底部对齐、顶部对齐。

新建项目 test2，在项目 test2 中新建页面文件 ColumnExam.ets，其代码如下。

```
//ColumnExam.ets
@Entry
@Component
struct ColumnExam{
  build() {
    Column({ space: 5 }) {
      Text('设置元素垂直方向间距').width('90%').textAlign(TextAlign.Center)
      Column({ space: 5 }) {
        Column().width('100%').height(25).backgroundColor(0x990000)
        Column().width('100%').height(25).backgroundColor(0xFF0000)
      }.width('90%').height(80).border({ width: 1 })
      Text('设置元素水平方向对齐方式\n 左对齐').width('90%').textAlign (TextAlign.
Center)
      Column() {
        Column().width('50%').height(25).backgroundColor(0x990000)
        Column().width('50%').height(25).backgroundColor(0xFF0000)
      }.alignItems(HorizontalAlign.Start).width('90%').border({ width: 1 })
      Text('右对齐').width('90%').textAlign(TextAlign.Center)
      Column() {
        Column().width('50%').height(25).backgroundColor(0x990000)
        Column().width('50%').height(25).backgroundColor(0xFF0000)
      }.alignItems(HorizontalAlign.End).width('90%').border({ width: 1 })
      Text('居中对齐').width('90%').textAlign(TextAlign.Center)
      Column() {
        Column().width('50%').height(25).backgroundColor(0x990000)
        Column().width('50%').height(25).backgroundColor(0xFF0000)
      }.alignItems(HorizontalAlign.Center).width('90%').border({ width: 1 })
      Text('设置元素垂直方向对齐方式\n 居中对齐').width('90%').textAlign (TextAlign.
Center)
      Column() {
        Column().width('90%').height(25).backgroundColor(0x990000)
        Column().width('90%').height(25).backgroundColor(0xFF0000)
      }.height(90).border({ width: 1 }).justifyContent(FlexAlign.Center)
```

```
    Text('底部对齐').width('90%').textAlign(TextAlign.Center)
    Column() {
      Column().width('90%').height(25).backgroundColor(0x990000)
      Column().width('90%').height(25).backgroundColor(0xFF0000)
    }.height(80).border({ width: 1 }).justifyContent(FlexAlign.End)
    Text('顶部对齐').width('90%').textAlign(TextAlign.Center)
    Column() {
      Column().width('90%').height(25).backgroundColor(0x990000)
      Column().width('90%').height(25).backgroundColor(0xFF0000)
    }.height(90).border({ width: 1 }).justifyContent(FlexAlign.Start)
  }.width('100%').padding({ top: 5 })
  }
}
```

新建的页面都需要加入页面路由，以便在真机或模拟器中展示。新建页面路由的方法是：在项目中打开 entry\src\main\resources\base\profile" 下的 main_pages.json 文件，于其中的 "src" 下配置新建页面的路由 pages/ ColumnExam，代码如下。

```
{
  "src": [
    "pages/Index",
    "pages/ColumnExam"
  ]
}
```

页面文件 ColumnExam.ets 的预览效果如图 2-2 所示。

（2）Row

Row 是沿水平方向布局的容器组件，可以包含组件。其接口如下。

```
Row(value?:{space?: number | string })
```

其可选参数如下。

space：表示横向布局元素在水平方向上的间距。其默认值为 0，单位为 vp。

其属性众多，除支持通用属性外，还支持以下属性。

alignItems：设置组件在垂直方向上的对齐方式，默认值为 VerticalAlign.Center。

justifyContent：设置组件在水平方向上的对齐方式，默认值为 FlexAlign.Start。

图 2-2　页面效果

【例 2-2】Row 布局示例，展示元素在水平方向和垂直方向上的对齐方式。

实现此布局的思路：设置元素在垂直方向上的间距，设置元素在垂直方向上居中对齐、底部对齐、顶部对齐，设置元素在水平方向上左对齐、右对齐、居中对齐。

在项目 test2 中新建页面文件 RowExam.ets，其代码如下。

```
//RowExam.ets
@Entry
@Component
struct RowExam {
```

```
    build() {
      Column({ space: 5 }) {
        Text('设置元素水平方向的间距').width('90%').textAlign(TextAlign.Center)
        Row({ space: 5 }) {
          Row().width('30%').height(30).backgroundColor(0x990000)
          Row().width('30%').height(30).backgroundColor(0xFF0000)
        }.width('90%').height(90).border({ width: 1 })
        Text('设置元素垂直方向对齐方式 \n 底部对齐').width('90%').textAlign(TextAlign.
Center)
        Row() {
          Row().width('30%').height(30).backgroundColor(0x990000)
          Row().width('30%').height(30).backgroundColor(0xFF0000)
        }.width('90%').alignItems(VerticalAlign.Bottom).height('12%').border
({ width: 1 })
        Text('居中对齐').width('90%').textAlign(TextAlign.Center)
        Row() {
          Row().width('30%').height(30).backgroundColor(0x990000)
          Row().width('30%').height(30).backgroundColor(0xFF0000)
        }.width('90%').alignItems(VerticalAlign.Center).height('12%').border
({ width: 1 })
        Text('顶部对齐').width('90%').textAlign(TextAlign.Center)
        Row() {
          Row().width('30%').height(30).backgroundColor(0x990000)
          Row().width('30%').height(30).backgroundColor(0xFF0000)
        }.width('90%').alignItems(VerticalAlign.Top).height('12%').border
({ width: 1 })
        Text('设置元素水平方向对齐方式 \n 右对齐').width('90%').textAlign(TextAlign.
Center)
        Row() {
          Row().width('30%').height(30).backgroundColor(0x990000)
          Row().width('30%').height(30).backgroundColor(0xFF0000)
        }.width('90%').border({ width: 1 }).justifyContent(FlexAlign.End)
        Text('左对齐').width('90%').textAlign(TextAlign.Center)
        Row() {
          Row().width('30%').height(30).backgroundColor(0x990000)
          Row().width('30%').height(30).backgroundColor(0xFF0000)
        }.width('90%').border({ width: 1 }).justifyContent(FlexAlign.Start)
        Text('居中对齐').width('90%').textAlign(TextAlign.Center)
        Row() {
          Row().width('30%').height(30).backgroundColor(0x990000)
          Row().width('30%').height(30).backgroundColor(0xFF0000)
        }.width('90%').border({ width: 1 }).justifyContent(FlexAlign.Center)
      }.width('100%')
    }
  }
```

其预览效果如图 2-3 所示。

2. 层叠布局

层叠布局用于在屏幕上预留一块区域来显示组件中的元素，提供元素可以重叠的布局。层叠布局通过 Stack 容器组件实现固定定位与层叠，容器组件中的元素依次入栈，后一个元素覆盖前一个元素。层叠布局具有较强的页面层叠、定位能力，可以实现广告展示、卡片层叠效果等。

Stack 容器组件的接口如下。

```
Stack(value?: { alignContent?: Alignment })
```

其可选参数如下。

alignContent：设置元素在容器内的对齐方式，其默认值为 Alignment.Center。

图 2-3　页面效果

【例 2-3】层叠布局示例，展示元素的固定定位与层叠。

实现此布局的思路：设置元素依次入栈，后一个元素覆盖前一个元素。

在项目 test2 中新建页面文件 StackExam.ets，其代码如下。

```
//StackExam.ets
@Entry
@Component
struct StackExam {
  build() {
    Stack({ alignContent: Alignment.Center }) {
      Text('元素 1，显示在底部').width('90%').height('100%').textAlign(TextAlign.
Center).fontColor(0xffffff).backgroundColor(0x660000).align(Alignment.Top)
      Text('元素 2，显示在中间').width('70%').height('70%').textAlign(TextAlign.
Center).fontColor(0xffffff).backgroundColor(0x990000).align(Alignment.Top)
      Text('元素 3，显示在顶部').width('50%').height('40%').textAlign(TextAlign.
Center).fontColor(0xffffff).backgroundColor(0xFF0000).align(Alignment.Top)
    }.width('100%').height('100%').margin({ top: 5 })
  }
}
```

其预览效果如图 2-4 所示。

3. 弹性布局

弹性布局提供更加有效的方式对容器组件中的元素进行排列、对齐并分配剩余空间。容器组件默认存在主轴与交叉轴，元素默认沿主轴排列，元素在主轴方向的尺寸称为主轴尺寸，在交叉轴方向的尺寸称为交叉轴尺寸。弹性布局在开发场景中广泛使用，如页面顶部导航栏的均匀分布、页面框架的搭建、多行数据的排列等。

Flex 是以弹性方式布局元素的容器组件，其接口如下。

```
Flex(value?: { direction?: FlexDirection, wrap?: FlexWrap,
justifyContent?: FlexAlign, alignItems?:
ItemAlign, alignContent?: FlexAlign })
```

图 2-4　层叠布局效果

其可选参数如下。

direction：设置元素在容器组件内排列的方向，即主轴的方向，其默认值为 FlexDirection.Row。

wrap：设置容器组件是单行布局还是多行布局，其默认值为 FlexWrap.NoWrap。

justifyContent：设置所有元素在容器组件主轴方向上的对齐方式，其默认值为 FlexAlign.Start。

alignItems：设置所有元素在容器组件交叉轴方向上的对齐方式，其默认值为 ItemAlign.Start。

alignContent：设置交叉轴方向上有剩余空间时多行内容的对齐方式（仅在 wrap 为 Wrap 或 WrapReverse 时生效），其默认值为 FlexAlign.Start。

【例 2-4】弹性布局示例，展示元素在水平方向上的排列。

实现此布局的思路：设置元素沿水平方向排列，两端对齐，间距相等，在垂直方向上居中。

在项目 test2 中新建页面文件 FlexExam.ets，其代码如下。

```
//FlexExam.ets
@Entry
@Component
struct FlexExam {
  build() {
    Column() {
      Column({ space: 5 }) {
        Flex({ direction: FlexDirection.Row, wrap: FlexWrap.NoWrap, justifyContent:
FlexAlign.SpaceBetween, alignItems: ItemAlign.Center }) {
          Text(' 元 素  1').width('30%').height('90%').backgroundColor(0x660000).
textAlign(TextAlign.Center).fontColor(0xffffff)
          Text(' 元 素  2').width('30%').height('90%').backgroundColor(0xFF0000).
textAlign(TextAlign.Center).fontColor(0xffffff)
          Text(' 元 素  3').width('30%').height('90%').backgroundColor(0x990000).
textAlign(TextAlign.Center).fontColor(0xffffff)
        }
        .height('95%')
        .width('90%')
        .backgroundColor(0xFFCCCC)
      }.width('100%').margin({ top: 5 })
    }.width('100%')
  }
}
```

其预览效果如图 2-5 所示。

4. 相对布局

相对布局支持为容器组件内部的元素设置相对位置，支持元素指定兄弟元素（具有相同的父元素）作为锚点，也支持指定父元素作为锚点，基于锚点进行相对布局。

RelativeContainer 是采用相对布局的容器组件，用于复杂场景中元素的布局。锚点设置是指设置元素相对于父元素或兄弟元素的位置依赖关系。在水平方向上，可以设置 left、middle、right 的锚点。在垂直方向上，可以设置 top、center、bottom 的锚点。为了明确定义锚点，必须为 Relative Container 及其元素设置 id，用于指定锚点信息。id 默认为"__container__"，其余元素的 id 通过 id 属性设置。未设置 id 的元素在 RelativeContainer 中不会显示。

扫码看彩图

图 2-5 弹性布局效果

RelativeContainer 容器组件的接口如下。

```
RelativeContainer()
```

【例2-5】相对布局示例，展示元素的复杂布局。

实现此布局的思路：指定锚点，基于锚点进行相对布局。

在项目 test2 中新建页面文件 Relative.ets，其代码如下。

```
//Relative.ets
@Entry
@Component
struct Relative {
  build() {
    Row() {
      RelativeContainer() {
        Row()
          .width(100)
          .height(100)
          .backgroundColor('#AA3333')
          .alignRules({
            //以父元素为锚点，在垂直方向顶对齐
            top: { anchor: '__container__', align: VerticalAlign.Top },
            //以父元素为锚点，在水平方向居中对齐
            middle: { anchor: '__container__', align: HorizontalAlign.Center }
          })
          .id('row1')  //设置锚点为 row1
        Row()
          .backgroundColor("#FF0000")
          .height(100).width(100)
          .alignRules({
          //以 row1 组件为锚点，在垂直方向底对齐
          top: { anchor: 'row1', align: VerticalAlign.Bottom },
          //以 row1 组件为锚点，在水平方向左对齐
          left: { anchor: 'row1', align: HorizontalAlign.Start }
          })
          .id('row2')  //设置锚点 row2
        Row()
          .width(100)
          .height(100)
          .backgroundColor('#BBCC00')
          .alignRules({
            top: { anchor: 'row2', align: VerticalAlign.Top }
          })
          .id('row3')  //设置锚点 row3
        Row()
          .width(100)
          .height(100)
          .backgroundColor('#EE9966')
          .alignRules({
            top: { anchor: 'row2', align: VerticalAlign.Top },
            left: { anchor: 'row2', align: HorizontalAlign.End },
          })
          .id('row4')  //设置锚点 row4
        Row()
```

```
            .width(100)
            .height(100)
            .backgroundColor('#EE66FF')
            .alignRules({
              top: { anchor: 'row2', align: VerticalAlign.Bottom },
              middle: { anchor: 'row2', align: HorizontalAlign.Center }
            })
            .id('row5')   //设置锚点 row5
        }
        .width(300).height(300)
        .border({ width: 2, color: '#6699EE' })
    }
    .height('100%').margin({ left: 30 })
  }}
```

其预览效果如图 2-6 所示。

5. 网格布局

网格布局将空间划分为由行和列定义的单元格，每个单元格都可以视为一个小的布局区域。网格布局具有较强的页面均分能力、组件占比控制能力，是一种重要的自适应布局，可以实现九宫格图片展示、日历、计算器等。

ArkUI 提供了 Grid 容器组件和 GridItem 组件用于构建网格布局。Grid 容器组件用于设置网格布局相关参数，GridItem 组件定义组件相关特征。Grid 容器组件支持使用条件渲染、循环渲染、懒加载等控制方式生成组件。

Grid 容器组件内每一个条目对应一个 GridItem 组件。网格布局是一种二维布局。Grid 容器组件支持自定义行列数和每行每列尺寸占比、设置组件横跨几行或者几列，同时提供了垂直和水平布局能力。当网格容器组件尺寸发生变化时，所有组件以及间距会等比例调整，从而实现网格布局的自适应。根据 Grid 容器组件的布局能力，可以构建出不同样式的网格布局。

图 2-6　相对布局效果

Grid 容器组件的接口如下。

```
Grid(scroller?: Scroller)
```

其可选参数如下。

scroller：可滚动组件的控制器，用于与可滚动组件进行绑定。

扫码看彩图

其属性众多，除支持通用属性外，还支持以下属性。

columnsTemplate：设置当前网格布局列的数量，不设置时默认为 1 列。例如，'1fr 1fr 2fr'是指将父组件分 3 列，将父组件的宽度分为 4 等份，第一列占 1 份，第二列占 1 份，第三列占 2 份。设置为'0fr'时，该列的宽度为 0，不显示 GridItem 组件。设置为其他非法值时，GridItem 组件显示为固定的 1 列。

rowsTemplate：设置当前网格布局行的数量，不设置时默认为 1 行。例如，'1fr 1fr 2fr'是指将父组件分 3 行，将父组件的高度分为 4 等份，第一行占 1 份，第二行占 1 份，第三行占 2 份。设置为'0fr'，该行的宽度为 0，不显示 GridItem 组件。设置为其他非法值时，GridItem 组件显示为固定的 1 行。

columnsGap：设置列与列的间距，默认值为 0。

rowsGap：设置行与行的间距，默认值为 0。

scrollBar：设置滚动条状态，默认值为 BarState.Off。

scrollBarColor：设置滚动条的颜色。

scrollBarWidth：设置滚动条的宽度。设置宽度后，滚动条在正常状态和按压状态下的宽度均为滚动条的宽度。其默认值为 4，单位为 vp。

其可支持以下常用的通用事件。

onClick(event: (event?: ClickEvent) => void)：单击操作触发该回调函数，event 返回值为 ClickEvent 对象。

onTouch(event: (event?: TouchEvent) => void)：手指触摸操作触发该回调函数，event 返回值为 TouchEvent 对象。

onAppear(event: () => void)：组件挂载显示时触发此回调函数。

onDisAppear(event: () => void)：组件卸载消失时触发此回调函数。

onDragStart(event:(event?: DragEvent, extraParams?: string) => CustomBuilder | DragItemInfo)：第一次拖曳此事件绑定的组件时，触发该回调函数。

onDragEnter(event: (event?: DragEvent, extraParams?: string) => void)：拖曳对象进入组件范围时，触发该回调函数。

onDragMove(event: (event?: DragEvent, extraParams?: string) => void)：拖曳对象在组件范围内移动时，触发该回调函数。

onDragLeave(event: (event?: DragEvent, extraParams?: string) => void)：拖曳对象离开组件范围时，触发该回调函数。

onDrop(event: (event?: DragEvent, extraParams?: string) => void)：绑定此事件的组件可作为拖曳释放目标，当在本组件范围内停止拖曳行为时，触发该回调函数。

onKeyEvent(event: (event?: KeyEvent) => void)：绑定该事件的组件获取焦点后，按键动作触发该回调函数，event 返回值为 KeyEvent 对象。

onFocus(event: () => void)：当前组件获取焦点时触发的回调函数。

onBlur(event:() => void)：当前组件失去焦点时触发的回调函数。

onHover(event: (isHover?: boolean) => void)：鼠标指针进入或退出组件时触发该回调函数。其中的 isHover 表示鼠标指针是否悬浮在组件上，鼠标指针进入时为 true，退出时为 false。

onMouse(event: (event?: MouseEvent) => void)：单击当前组件或鼠标指针在组件上悬浮移动时，触发该回调函数，event 返回值包含触发事件时的时间戳、鼠标按键、动作、鼠标指针在整个屏幕上的坐标和相对于当前组件的坐标。

onAreaChange(event: (oldValue: Area, newValue: Area) => void)：组件区域变化时触发该回调函数。仅响应布局变化导致的组件大小、位置的变化，不响应绘制变化所导致的渲染属性的变化，如 translate、offset。其中的 Area 会返回目标元素的宽度与高度以及目标元素相对于父元素和页面左上角的坐标。

其除支持以上常用的通用事件外，还支持以下事件。

onScrollIndex(event: (first: number) => void)：当前网格显示的起始位置发生变化时触发。其中的 first 为当前显示的网格起始位置的索引值。Grid 容器组件显示区域上第一个组件的索引值有变化就会触发。

onItemDragStart(event: (event: ItemDragInfo, itemIndex: number) => (() => any) | void)：开始拖曳网格元素时触发。其中的 event 为 ItemDragInfo 对象，itemIndex 为被拖曳网格元素的索引值。返回 void 表示不能拖曳。长按 GridItem 组件时触发该事件。

onItemDragEnter(event: (event: ItemDragInfo) => void)：拖曳对象进入网格组件范围时触发。

onItemDragMove(event: (event: ItemDragInfo, itemIndex: number, insertIndex: number) => void)：拖曳对象在网格组件范围内移动时触发。其中的 event 为 ItemDragInfo 对象，itemIndex 为拖曳起始位置，insertIndex 表示拖曳元素在网格中的插入索引。

GridItem 为网格容器组件中单项内容的组件，其接口如下。

```
GridItem()
```

其属性众多，除支持通用属性外，还支持以下属性。

rowStart：指定当前元素起始行号。

rowEnd：指定当前元素终点行号。

columnStart：指定当前元素起始列号。

columnEnd：指定当前元素终点列号。

【例 2-6】网格布局示例，展示页面均分能力以及组件占比控制能力。

实现此布局的思路：使用 Grid 设置网格布局相关参数，使用 GridItem 定义组件相关特征，进而构建网格布局。

在项目 test2 中新建页面文件 GridExam.ets，其代码如下。

```
//GridExam.ets
@Entry
@Component
struct GridExam {
  @State items: Array<string> = ['智慧办公', '智能家居', '影音娱乐', '运动健康','热卖榜',
'直播间', '以旧换新', '配件中心', '甄选推荐', '她之选']
  build() {
    Column() {
      Grid() {
        ForEach(this.items, (item:string) => {
          GridItem() {
            Text(item)
              .fontSize(40)
              .fontWeight(FontWeight.Bolder)
              .border({ width: 1 })
              .backgroundColor(0xBBCC00)
              .width('100%')
              .height('100%')
              .textAlign(TextAlign.Center)
          }
        }, item => item)
      }
      .rowsTemplate('1fr 1fr 1fr 1fr')
      .columnsTemplate('1fr 1fr 1fr')
      .columnsGap(10)
      .rowsGap(10)
      .width('100%')
```

```
    .backgroundColor(0xEEEEEE)
    .height('100%')
  }
  .margin(5)
 }
}
```

其预览效果如图 2-7 所示。

2.2.2 响应式布局

常用的响应式布局主要包括栅格布局和媒体查询布局。

1. 栅格布局

栅格布局是一种通用的辅助定位工具，在移动设备的界面设计中发挥了重要作用。

栅格布局可以完成自动换行和自适应不同设备宽度。当页面元素的数量超出了一行或一列的容量时，它们会自动换到下一行或下一列，并且在不同宽度的设备上自适应排版，使得页面布局更加灵活。

GridRow 为栅格容器组件，需与栅格组件 GridCol 结合使用。

GridRow 容器组件的接口如下。

图 2-7　网格布局效果

```
GridRow(option?: {columns?: number | GridRowColumnOption, gutter?: Length |
GutterOption,
  breakpoints?: BreakPoints, direction?: GridRowDirection})
```

其可选参数如下。

columns：设置栅格布局的列数。

gutter：设置栅格布局的间距，x 代表水平方向。

breakpoints：定义了一系列数值作为断点，用于控制栅格布局在不同设备宽度下的变化。当设备的宽度达到某个断点时，栅格布局会根据预设的规则进行相应的调整，以适应不同屏幕尺寸的设备。

栅格系统默认断点将设备宽度分为 xs、sm、md、lg 这 4 类，具体如表 2-1 所示。

表 2-1　栅格系统默认断点

断点名称	取值范围（vp）	设备描述
xs	[0,320)	最小宽度类型设备
sm	[320,520)	小宽度类型设备
md	[520,840)	中等宽度类型设备
lg	[840,+∞)	大宽度类型设备

开发者可以使用 breakpoints 自定义修改断点的取值范围，最多支持 6 个断点，除了默认的 4 个断点，还可以启用 xl、xxl 两个断点，支持 6 种不同尺寸（xs、sm、md、lg、xl、xxl）设备的布局设置。

其可选参数如下。

direction：设置栅格组件在栅格容器中的排列方向。

GridCol 组件的接口如下。

```
GridCol(option?:{span?: number | GridColColumnOption, offset?: number
| GridColColumnOption, order?: number | GridColColumnOption})
```

其可选参数如下。

span：当前列要占据的列数，其默认值为 1，即该列仅占据 1 列的宽度。

offset：相对于前一个栅格组件偏移的列数，其默认值为 0。

order：元素的序号，其默认值为 0。

其属性众多，除支持通用属性外，还支持以下属性。

gridColOffset：相对于前一个栅格组件偏移的列数，其默认值为 0。

【例 2-7】栅格布局示例，展示典型的网页页面布局。

实现此布局的思路：使用栅格容器组件 GridRow，配合栅格组件 GridCol，先将页面划分为上中下三部分，再将中部划分为左右两部分。

在项目 test2 中新建页面文件 GridRowExam.ets，其代码如下。

```
//GridRowExam.ets
@Entry
@Component
struct GridRowExam {
  build() {
    GridRow() {
      GridCol({ span: { sm: 12 } }) {
        Row() {
          Text('顶部').fontSize(24).width('100%').textAlign(TextAlign.Center)
                    .fontColor(0xffffff)
        }.width('100%').height('10%').backgroundColor('#ff660000')
      }
      GridCol({ span: { sm: 12 } }) {
        GridRow() {
          GridCol({ span: { sm: 2 } }) {
            Row() {
              Text('左侧').fontSize(24).fontColor(0xffffff)
            }
            .justifyContent(FlexAlign.Center).height('80%')
          }.backgroundColor('#ff990000')
          GridCol({ span: { sm: 10 } }) {
            Row() {
              Text('右侧').fontSize(24).fontColor(0xffffff)
            }
            .justifyContent(FlexAlign.Center).height('80%')
          }.backgroundColor('#ffff0000')
        }
        .backgroundColor('#80000000')
      }
      GridCol({ span: { sm: 12 } }) {
        Row() {
          Text('底部').fontSize(24).width('100%').textAlign(TextAlign.Center)
```

```
                    .fontColor(0xffffff)
        }.width('100%').height('10%').backgroundColor('#ff660000')
      }
    }.width('100%').height('100%')
  }
}
```

其预览效果如图 2-8 所示。

2. 媒体查询布局

媒体查询作为响应式设计的核心，在移动设备上的应用十分广泛。媒体查询可根据不同设备类型或同设备的不同状态修改应用的样式。媒体查询常用于下面两种场景。

（1）针对设备和应用的属性信息（如显示区域、深浅色、分辨率等），设计出相匹配的布局。

（2）当屏幕发生动态改变时（如分屏、横竖屏切换等），同步更新应用的页面布局。

媒体查询通过 mediaquery 模块接口设置查询条件并绑定回调函数，在对应条件的回调函数里更改页面布局或者实现业务逻辑，实现页面的响应式设计。

图 2-8　栅格布局效果

媒体查询条件由媒体类型、逻辑操作符、媒体特征组成，其中媒体类型可省略，逻辑操作符用于连接不同媒体类型与媒体特征，其中，媒体特征使用"()"包裹且可以有多个。

媒体查询的接口如下。

扫码看彩图

```
[media-type] [media-logic-operations] [(media-feature)]
```

media-type：媒体类型默认为 screen，按屏幕相关参数进行媒体查询。

media-logic-operations：媒体逻辑操作，媒体逻辑操作符 and、or、not、only 用于构建复杂媒体查询。媒体范围操作符包括"<="">=""<"">"。

media-feature：媒体特征，包括应用显示区域的宽度与高度、设备分辨率以及设备的宽度与高度等属性，其说明如表 2-2 所示。

表 2-2　媒体特征说明

类型	说明
height	应用页面可绘制区域的高度
min-height	应用页面可绘制区域的最小高度
max-height	应用页面可绘制区域的最大高度
width	应用页面可绘制区域的宽度
min-width	应用页面可绘制区域的最小宽度
max-width	应用页面可绘制区域的最大宽度
resolution	设备的分辨率，支持单位 dpi、dppx 和 dpcm
min-resolution	设备的最小分辨率
max-resolution	设备的最大分辨率

类型	说明
orientation	屏幕的方向。可选值： – orientation: portrait（设备竖屏） – orientation: landscape（设备横屏）
device-height	设备的高度
min-device-height	设备的最小高度
max-device-height	设备的最大高度
device-width	设备的宽度
device-type	设备的类型
min-device-width	设备的最小宽度
max-device-width	设备的最大宽度
round-screen	屏幕类型，圆形屏幕为 true，非圆形屏幕为 false
dark-mode	系统为深色模式时为 true，否则为 false

【例 2-8】媒体查询布局示例，展示设备不同状态下显示不同的样式。

实现此布局的思路：通过 mediaquery 模块接口设置查询条件并绑定回调函数，在对应条件的回调函数里更改页面布局，实现页面的响应式设计。

在项目 test2 中新建页面文件 MediaQuery.ets，其代码如下。

```
//MediaQuery.ets
import mediaquery from '@ohos.mediaquery';//导入媒体查询模块
import window from '@ohos.window';
import common from '@ohos.app.ability.common';
@Entry
@Component
struct MediaQuery {
  @State color: string = '#FF0000';
  @State text: string = '竖屏状态';
  //设置媒体查询条件(当设备横屏时条件成立)，保存返回的条件监听句柄
  listener = mediaquery.matchMediaSync('(orientation: landscape)');
  //当满足媒体查询条件时，触发回调函数
  onPortrait(mediaQueryResult) {
    if (mediaQueryResult.matches as boolean) { //若设备为横屏状态，更改相应的页面布局
      this.color = '#990000';
      this.text = '横屏状态';
    } else {
      this.color = '#FF0000';
      this.text = '竖屏状态';
    }
  }
  aboutToAppear() {
    this.listener.on('change',(mediaQueryResult: mediaquery.MediaQueryResult) => {
      this.onPortrait(mediaQueryResult)
    }); //绑定当前应用实例以及回调函数
  }
```

```
    //改变设备横竖屏状态函数
    private changeOrientation(isLandscape: boolean) {
     //获取 UIAbility 实例的上下文信息
     let context = getContext(this) as common.UIAbilityContext;
     //调用该接口手动改变设备横竖屏状态
     window.getLastWindow(context).then((lastWindow) => {
       lastWindow.setPreferredOrientation(isLandscape ? window.Orientation.LANDSCAPE :
window.Orientation.PORTRAIT)
     });
    }
    build() {
     Column({ space: 20 }) {
       Text(this.text).fontSize(50).fontColor(this.color).margin({top:10})
       Text('横屏').fontSize(50).fontColor(this.color).backgroundColor(Color.Orange)
         .borderRadius(10).width('95%').height(100).textAlign(TextAlign.Center)
         .onClick(() => {
           this.changeOrientation(true);
         })
       Text('竖屏').fontSize(50).fontColor(this.color).backgroundColor(Color.Orange)
         .borderRadius(10).width('95%').height(100).textAlign(TextAlign.Center)
         .onClick(() => {
           this.changeOrientation(false);
         })
     }
     .width('100%').height('100%')
    }
}
```

其预览效果如图 2-9 所示。

（a）竖屏状态效果　　　　　　　　（b）横屏状态效果

图 2-9　媒体查询布局

2.3　UI 常用组件

　　组件是构建页面的核心，每个组件通过对方法与数据的封装实现独立的可交互功能单元。组件之间相互独立，随取随用，在需求相同的地方可重复使用。目前，UI 常用组件包括基础组件、容器组件、媒体组件、绘制组件等。

2.3.1　基础组件

基础组件是最常用的功能单元之一，常用的基础组件有 Button、Image、Progress、QRCode、Radio、Text、TextInput 等。

1. Button

Button 是按钮组件，可快速创建不同样式的按钮，其接口如下。

```
Button(label?: ResourceStr, options?: { type?: ButtonType, stateEffect?: boolean })
```

其可选参数如下。

label：设置按钮文本内容。若设置，则按钮组件不能包含组件。

type：设置按钮显示样式，其默认值为 ButtonType.Capsule。

stateEffect：设置按钮按下时是否开启按压态显示效果，其默认值为 true。

【例 2-9】Button 使用示例，展示各种各样的按钮。

实现此示例的思路：利用 Button 组件展示普通按钮、胶囊按钮、圆形按钮。

在项目 test2 中新建页面文件 ButtonExam.ets，其代码如下。

```
//ButtonExam.ets
@Entry
@Component
struct ButtonExam {
  @State count: number = -1
  build() {
    Flex({ direction: FlexDirection.Column, alignItems: ItemAlign.Start,
      justify- Content: FlexAlign.SpaceBetween }) {
      Text('普通按钮').fontSize(14)
      Flex({ alignItems: ItemAlign.Center, justifyContent: FlexAlign.SpaceBetween }) {
        Button('确定', { type: ButtonType.Normal, stateEffect: true })
          .borderRadius(8).backgroundColor(0xff0000).width(90)
        Button({ type: ButtonType.Normal, stateEffect: true }) {
          Row() {
            LoadingProgress().width(20).height(20).margin({ left: 12 }).color(0xFFFFFF)
            Text('加载中').fontSize(14).fontColor(0xffffff).margin({ left: 5, right: 12 })
          }.alignItems(VerticalAlign.Center)
        }.borderRadius(8).backgroundColor(0xff0000).width(90).height(40)
        Button('无效', { type: ButtonType.Normal, stateEffect: false }).opacity(0.4)
          .borderRadius(8).backgroundColor(0xff0000).width(90)
      }
      Text('胶囊按钮').fontSize(14)
      Flex({ alignItems: ItemAlign.Center, justifyContent: FlexAlign.SpaceBetween }) {
        Button('确定', { type: ButtonType.Capsule, stateEffect: true })
          .background Color(0x317aff).width(90)
      }
      Text('圆形按钮').fontSize(14)
      Flex({ alignItems: ItemAlign.Center, wrap: FlexWrap.Wrap }) {
        Button({ type: ButtonType.Circle, stateEffect: true }) {
          LoadingProgress().width(20).height(20).color(0xFFFFFF)
        }.width(55).height(55).backgroundColor(0x317aff)
```

```
    }
    Text('显示相关信息').fontSize(14)
    Text(`${this.count}`)
      .fontSize(30).fontColor('#ff0000').backgroundColor(Color.Orange)
      .borderRadius(10).width('60%').height(80).textAlign(TextAlign.Center)
      .onClick(() => {
        this.count++
      })
    if (this.count < 0) {
      Button('计数为负数').fontSize(30).height(50)
    } else if (this.count % 2 === 0) {
      Button('计数是偶数').fontSize(30).height(50)
    } else {
      Button('计数是奇数').fontSize(30).height(50)
    }
  }.height(600).padding({ left: 35, right: 35, top: 35 })
  }
}
```

其预览效果如图 2-10 所示。

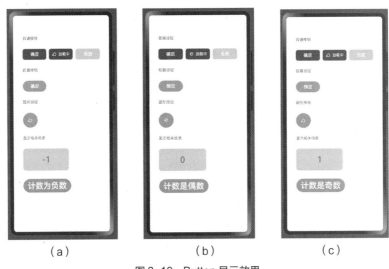

（a）   （b）   （c）

图 2-10　Button 显示效果

2. Image

Image 是图片组件，常用于在应用中显示图片，其接口如下。

```
Image(src: Drawable-Descriptor | PixelMap | ResourceStr)
```

其必需参数如下。

src：图片的数据源，支持本地图片资源地址和网络图片资源地址。

其除支持通用属性外，还支持以下常用属性。

alt：设置图片加载时显示的占位图，支持本地图片，不支持网络图片。其默认值为 null。

objectFit：设置图片的填充效果，其默认值为 ImageFit.Cover。

objectRepeat：设置图片的重复样式。其默认值为 ImageRepeat.NoRepeat。

renderMode：设置图片的渲染模式为原色或黑白，其默认值为 ImageRenderMode.Original。

sourceSize：设置图片解码尺寸，降低图片的分辨率，常用于需要让图片显示尺寸小于组件尺寸的场景，与 ImageFit.None 配合使用时可在组件内显示小图。

matchTextDirection：设置图片是否跟随系统语言方向进行显示。其默认值为 false。

fitOriginalSize：图片组件尺寸未设置时，控制其显示尺寸是否跟随图源尺寸。其默认值为 false。

fillColor：设置填充颜色，设置后填充颜色会覆盖在图片上。

autoResize：设置图片解码过程中是否对图源自动缩放。其默认值为 true。

其除支持通用事件外，还支持以下事件。

onComplete(callback: (event?: { width: number, height: number, componentWidth: number, componentHeight: number, loadingStatus: number }) => void)：图片数据加载成功和解码成功时均触发该回调函数，返回成功加载的图片尺寸。

onError(callback: (event?: { componentWidth: number, componentHeight: number , message: string }) => void)：图片加载异常时触发该回调函数。

onFinish(event: () => void)：当加载的源文件为带动效的 SVG 格式图片时，SVG 动效播放完成时会触发这个回调函数。如果动效为无限循环，则不会触发这个回调函数。

【例 2-10】Image 使用示例，展示系统自带的图片。

实现此示例的思路：利用 Image 组件即可。

在项目 test2 中新建页面文件 ImageExam.ets，其代码如下。

```
//ImageExam.ets
@Entry
@Component
struct ImageExam {
  build() {
    Column() {
      Image($r('app.media.startIcon'))
        .width(100).height(100).margin(15)
        .overlay('系统自带图片', { align: Alignment.Bottom, offset: { x: 0, y: 20 } })
    }.width('100%').padding({ left: 10, top: 10 })
  }
}
```

其预览效果如图 2-11 所示。

3. Progress

Progresss 是进度条组件，用于显示内容加载或操作处理等进度。其接口如下。

图 2-11 Image 显示效果

```
Progress(options: {value: number, total?: number, type?: ProgressType})
```

其必需参数如下。

value：指定初始进度值。设置小于 0 的数值时置为 0，设置大于 total 的数值时置为 total。

其可选参数如下。

total：指定进度总长，其默认值为 100。

type：指定进度条类型，其默认值为 ProgressType.Linear。

其除支持通用属性外，还支持以下属性。

color：设置进度条前景色，其默认值为'#ff007dff'。

backgroundColor：设置进度条底色，其默认值为'#19182431'。

style：定义进度条的样式，有如下 3 个参数。

strokeWidth：设置进度条宽度，默认值为 4.0。

scaleCount：设置环形进度条总刻度数，默认值为 120。

scaleWidth：设置环形进度条刻度粗细，默认值为 2.0。

【例 2-11】Progress 显示效果，展示线性进度条。

实现此示例的思路：利用 Progress 组件即可。

在项目 test2 中新建页面文件 ProgressExam.ets，其代码如下。

```
//ProgressExam.ets
@Entry
@Component
struct ProgressExam {
  build() {
    Column({ space: 15 }) {
      Progress({ value: 20, type: ProgressType.Linear }).width(200)
    }.width('100%').margin({ top: 30 })
  }
}
```

其预览效果如图 2-12 所示。

图 2-12　Progress 显示效果

4. QRCode

QRCode 是二维码组件，用于显示单个二维码，其接口如下。

```
QRCode(value: string)
```

其必需参数如下。

value：二维码内容字符串，最大支持 512 个字符。

其除支持通用属性外，还支持以下属性。

color：设置二维码颜色，其默认值为 Color.Black。

backgroundColor：设置二维码背景颜色，其默认值为 Color.White。

【例 2-12】QRCode 显示效果，展示一个二维码。

实现此示例的思路：利用 QRCode 组件即可。

在项目 test2 中新建页面文件 QRCodeExam.ets，其代码如下。

```
@Entry
@Component
struct QRCodeExam {
  build() {
    Column({ space: 5 }) {
      QRCode('http://www.zidb.com').width(300)
    }.width('100%').margin({ top: 25 })
```

```
  }
}
```

其预览效果如图 2-13 所示。

5. Radio

Radio 是单选框组件，通常用于提供相应的用户交互选项，其接口如下。

```
Radio(options: {value: string, group: string})
```

其必需参数如下。

value：当前单选框的名称。

图 2-13   二维码显示效果

group：当前单选框所属群组的名称，相同 group 的 Radio 中只能有一个被选中。

其除支持通用属性外，还支持以下属性。

checked：设置单选框的选中状态，其默认值为 false。

其除支持通用事件外，还支持以下事件。

onChange(callback: (isChecked: boolean) => void)：单选框的选中状态改变时触发该回调函数。

【例 2-13】Radio 显示效果，展示常用的单选框。

实现此示例的思路：利用 Radio 组件即可。

在项目 test2 中新建页面文件 RadioExam.ets，其代码如下。

```
//RadioExam.ets
@Entry
@Component
struct RadioExam {
  build() {
    Flex({ direction: FlexDirection.Row, justifyContent: FlexAlign.Center,
alignItems: ItemAlign.Center }) {
      Row({ space: 5 }) {
        Radio({ value: 'Radio1', group: 'radioGroup' }).checked(true)
        Text('选项一')
        Radio({ value: 'Radio2', group: 'radioGroup' }).checked(false)
        Text('选项二')
        Radio({ value: 'Radio3', group: 'radioGroup' }).checked(false)
        Text('选项三')
      }
    }.padding({ top: 30 })
  }
}
```

其预览效果如图 2-14 所示。

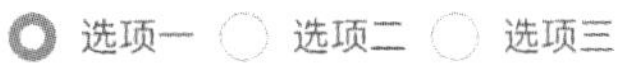

◉ 选项一 ◯ 选项二 ◯ 选项三

图 2-14   Radio 显示效果

6. Text

Text 是文本组件，用于显示一段文本，可以包含组件 Span。其接口如下。

```
Text(content?: string | Resource)
```

其可选参数如下。

content：设置文本内容。当包含组件 Span 时不生效，显示 Span 内容，并且此时 Text 组件的样式不生效。其默认值为' '。

Span 是用于显示行内文本的组件。其接口如下。

```
Span(value: string | Resource)
```

其必需参数如下。

value：设置需显示的文本内容。

【例 2-14 】Text 显示效果，展示常用的文本框。

实现此示例的思路：利用 Text 组件即可。

在项目 test2 中新建页面文件 TextExam.ets，其代码如下。

```
//TextExam.ets
@Entry
@Component
struct TextExam {
  build() {
    Flex({ direction: FlexDirection.Column, alignItems: ItemAlign.Center, justify
Content: FlexAlign.Start }) {
      Text('重庆红岩颂').fontSize(60).padding({ bottom:20 })
      Text() {
        Span('歌乐山峰秀，\n 渣滓洞深藏。\n 英魂昭日月，\n 红岩永流芳。\n 烈火燃忠志，\n 寒冰铸铁
钢。\n 丹心传万古，\n 豪气贯四方。').fontSize(50).lineHeight(75)
      }
    }.width('100%').height('100%')
  }
}
```

其预览效果如图 2-15 所示。

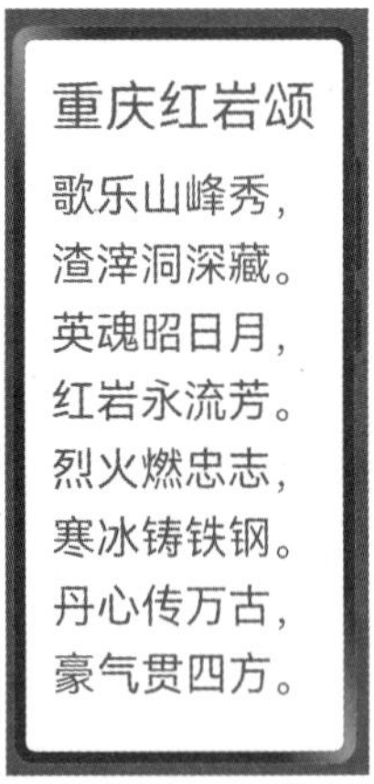

图 2-15　Text 显示效果

7. TextInput

TextInput 是单行输入框组件，可以输入普通文本，也可以输入密码、电子邮箱地址、电话号码或纯数字。其接口如下。

```
TextInput(value?:{placeholder?: ResourceStr, text?: ResourceStr,
controller?: TextInputController})
```

其可选参数如下。

placeholder：设置无输入时的提示文本。

text：设置输入框当前的文本内容。

controller：设置 TextInput 控制器。

【例 2-15】TextInput 使用示例，实现用户登录页面。

实现此示例的思路：利用 TextInput 组件，再配合使用 Button 组件和 Text 组件即可。

在项目 test2 中新建页面文件 TextInputExam.ets，其代码如下。

```
//TextInputExam.ets
@Entry
@Component
struct TextInputExam {
  build() {
    Column() {
      Text('用户登录').fontSize(50).fontWeight(700).margin(15)
      TextInput({placeholder: '请输入用户名'})
        .height(42).margin(15)
      TextInput({ placeholder: '请输入密码' })
        .height(42).margin(15)
        .type(InputType.Password)
        .maxLength(30).showPasswordIcon(true)
      Button('提交')
        .margin(15).fontSize(30)
        .onClick(() => {
          console.log('提交成功') //提交处理
        })
    }.width('100%')
  }
}
```

其预览效果如图 2-16 所示。

图 2-16　TextInput 显示效果

2.3.2 容器组件

容器组件主要用于页面布局。除了讲解 UI 常用布局时提到的容器组件，常见的容器组件还有 Refresh、Scroll、Tabs 等。

1. Refresh

Refresh 是刷新组件，可以进行页面下拉操作并显示刷新动效。其接口如下。

```
Refresh(value: { refreshing: boolean, promptText?: ResourceStr, refreshingContent?: ComponentContent })
```

其必需参数如下。

refreshing：指定当前组件是否处于刷新状态。该参数支持$$双向绑定变量。

可选参数：

promptText：设置刷新区域底部显示的自定义文本。

refreshingContent：设置刷新区域显示的内容。

【例2-16】Refresh 使用示例，实现下拉刷新页面的效果。

实现此示例的思路：利用 Refresh 组件，再配合使用函数 setTimeout()即可。

在项目 test2 中新建页面文件 RefreshExam.ets，其代码如下。

```
//RefreshExam.ets
@Entry
@Component
struct RefreshExam {
  @State isRefreshing: boolean = false;
  @State counter: number = 0;
  @State promptText: string = "正在刷新，请稍候...";
  build() {
    Column() {
     Refresh({ refreshing: $$this.isRefreshing, promptText: this.promptText }) {
       Text('下拉刷新: ' + this.counter).fontSize(30).height(300)
      }
      .onRefreshing(() => {
       setTimeout(() => {
         this.counter++;
         this.isRefreshing = false;
       }, 1000)
      })
    }.width('100%')
  }
}
```

其预览效果如图 2-17 所示。

2. Scroll

Scroll 是滚动组件，当组件的布局尺寸超过父组件的尺寸时，内容可以滚动。

其接口如下。

```
Scroll(scroller?: Scroller)
```

图 2-17　Refresh 显示效果

其可选参数如下。

scroller：可滚动组件的控制器，用于与可滚动组件进行绑定。

其除支持通用属性外，还支持以下属性。

scrollable：设置滚动方向，其默认值为 ScrollDirection.Vertical。

scrollBar：设置滚动条状态，其默认值为 BarState.Auto。

scrollBarColor：设置滚动条的颜色。

scrollBarWidth：设置滚动条的宽度，不支持百分比设置。其默认值为 4，单位为 vp。

edgeEffect：设置边缘滑动效果，其默认值为 EdgeEffect.None。

【例 2-17】Scroll 使用示例，给页面添加常驻的滚动条。

实现此示例的思路：利用 Scroll 组件即可。在项目 test2 中新建页面文件 ScrollExam.ets，其代码如下。

```
//ScrollExam.ets
@Entry
@Component
struct ScrollExam {
  private arr: string[] = ['重庆赞','重庆峻岭插云霄，','山城灯火映天烧。','洪崖洞深藏龙卧，',
'长江索道跃飞桥。','火锅烈焰烹四海，','小面辛香醉九霄。','吊脚楼头歌震野，','巴渝豪气盖天高。'];
  build() {
    Scroll() {
      Column() {
        ForEach(this.arr, (item: string) => {
          Text(item.toString())
            .width('90%').fontSize(40).height(60)
            .backgroundColor(0xFFFFFF)
            .borderRadius(15)
            .textAlign(TextAlign.Center)
            .margin({ top: 12 })
        }, (item: string) => item)
        Text('').height(80)
      }.width('100%')
    }
    .backgroundColor(0xDCDCDC)
    .scrollable(ScrollDirection.Vertical)   //垂直滚动
    .scrollBar(BarState.On)                 //滚动条常驻显示
    .scrollBarColor(Color.Gray)             //滚动条颜色
    .scrollBarWidth(10)                     //滚动条宽度
    .edgeEffect(EdgeEffect.Spring)          //滚动到边沿后回弹
  }
}
```

其预览效果如图 2-18 所示。

3. Tabs

Tabs 是页签组件，可对内容视图进行切换，每个页签对应一个内容视图。其接口如下。

```
Tabs(value?:    {barPosition?:    BarPosition,    index?:    number,    controller?:
TabsController})
```

其可选参数如下。

barPosition：设置 Tabs 的页签位置，其默认值为 BarPosition.Start。

index：设置当前显示页签的索引，其默认值为 0。

controller：设置 Tabs 控制器。

Tabs 仅可包含组件 TabContent。

【例 2-18】 Tabs 使用示例，实现页面导航功能。

实现此示例的思路：利用 Tabs 组件，结合使用 TabContent 组件即可。

在项目 test2 中新建页面文件 TabsExam.ets，其代码如下。

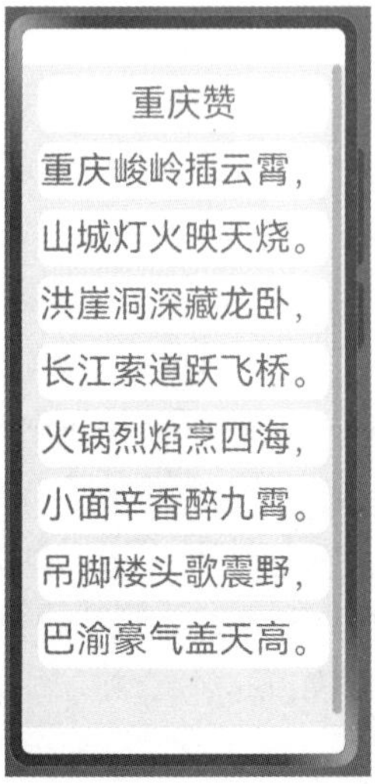

图 2-18 Scroll 显示效果

```
//TabsExam.ets
@Entry
@Component
struct TabsExam {
  @State fontColor: string = '#182431'
  @State selectedFontColor: string = '#007DFF'
  @State currentIndex: number = 0
  private controller: TabsController = new TabsController()
  @Builder TabBuilder(index: number, name: string) {
    Column() {
      Text(name)
        .fontColor(this.currentIndex === index ? this.selectedFontColor : this.fontColor)
        .fontSize(20).lineHeight(25)
        .fontWeight(this.currentIndex === index ? 700 : 500)
        .margin({ top: 16, bottom: 6 })
      Divider()
        .strokeWidth(2).color('#007DFF')
        .opacity(this.currentIndex === index ? 1 : 0)
    }.width('100%')
  }
  @Builder TabContent(content:string,color:string){
    Column(){
      Row(){
        Text(content).fontColor(0xFFFFFF)
      }.height('100%')
    }.width('100%').backgroundColor(color)
  }
  build() {
    Column() {
      Tabs({ barPosition: BarPosition.Start, controller: this.controller }) {
        TabContent() {
          this.TabContent('简介','#E67C92')
        }.tabBar(this.TabBuilder(0, '简介'))
        TabContent() {
          this.TabContent('产品','#FFBF00')
        }.tabBar(this.TabBuilder(1, '产品'))
        TabContent() {
```

重庆赞

重庆峻岭插云霄，
山城灯火映天烧。
洪崖洞深藏龙卧，
长江索道跃飞桥。
火锅烈焰烹四海，
小面辛香醉九霄。
吊脚楼头歌震野，
巴渝豪气盖天高。

```
      this.TabContent('新闻','#007DFF')
    }.tabBar(this.TabBuilder(2, '新闻'))
    TabContent() {
      this.TabContent('联系','#00CB87')
    }.tabBar(this.TabBuilder(3, '联系'))
  }
  .vertical(false) //横向 Tabs
  .barMode(BarMode.Fixed) //TabBar 布局模式
  .barWidth('100%') //TabBar 宽度
  .barHeight(70) //TabBar 高度
  .animationDuration(400) //页签切换动画时长
  .onChange((index: number) => { //页签切换时回调处理
    this.currentIndex = index
  })
  .width('100%')
  .height('100%')
  .margin({ top: 5 })
  .backgroundColor('#F6F6F6')
  }.width('100%')
  }
}
```

其预览效果如图 2-19 所示。

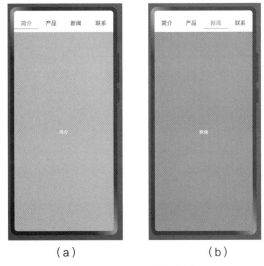

（a）　　　　　　　　　　（b）

图 2-19　Tabs 显示效果

2.3.3　媒体组件

目前，媒体组件只有 Video 组件，用于播放视频文件并控制其播放状态。

其接口如下。

```
Video(value: {src?: string | Resource, currentProgressRate?: number | string |
PlaybackSpeed, previewUri?: string | PixelMap | Resource, controller?: VideoController,
imageAIOptions?:ImageAIOptions})})
```

其可选参数如下。

src：设置视频的数据源，支持本地视频路径和网络视频路径。

currentProgressRate：设置视频播放倍速，其取值为 0.75、1.0、1.25、1.75 或 2.0，默认值为 1.0 | PlaybackSpeed.Speed_Forward_1_00_X。

previewUri：设置视频未播放时的预览图片路径，默认不显示图片。

controller：设置视频控制器，可以控制视频的播放状态。

imageAIOptions：设置图像 AI 分析选项，可配置分析类型或绑定一个分析控制器。

【例 2-19】Video 使用示例，实现展示视频播放。

实现此示例的思路：利用 Video 组件即可。

在项目 test2 中新建页面文件 VideoExam.ets，其代码如下。

```
//VideoExam.ets
@Entry
@Component
struct VideoExam {
  build() {
    Column() {
      Video({
        src: $rawfile('videol.mp4'),
        previewUri: $r('app.media.img20901'),
        currentProgressRate: 1.0,
      }).width('100%').height('100%')
        .autoPlay(true)  //自动播放
        .controls(true)  //显示控制栏
    }
  }
}
```

将 EntryAbility.ets 文件中的"pages/Index"改为"pages/Video Exam"，启动模拟器，运行项目 test2，其显示效果如图 2-20 所示。

图 2-20　Video 显示效果

2.3.4　绘制组件

绘制组件主要用来绘制各种图形，如圆形、椭圆形、直线、折线、多边形以及自定义图形等。

常用的绘制组件有 Canvas、Shape 等。

1. Canvas

Canvas 也称画布组件，用于绘制自定义图形，其接口如下。

```
Canvas(context?: CanvasRenderingContext2D)
```

可选参数如下。

context：上下文对象，其类型为CanvasRenderingContext2D。

支持通用属性和通用事件，此外还支持如下事件。

onReady(event: () => void)，Canvas 组件初始化完成时的事件回调，该事件之后 Canvas 组件宽高确定且可获取，可使用 Canvas 相关 API 进行绘制。

【**例2-20**】Canvas示例，展示类似于太阳的效果。

实现此示例的思路：利用Canvas组件以及Flex组件即可。可以在项目test2中新建页面文件CanvasExam.ets，其代码如下。

```
//CanvasExam.ets
@Entry
@Component
struct CanvasExam {
  private settings: RenderingContextSettings = new RenderingContextSettings(true)
  private context: CanvasRenderingContext2D = new CanvasRendering Context
2D(this.settings)
  build() {
    Flex({ direction: FlexDirection.Column, alignItems: ItemAlign.Center,
justifyContent: FlexAlign.Center }) {
      Canvas(this.context)
        .width('100%')
        .height('100%')
        .backgroundColor('#00ff00')
        .onReady(() =>{
         let grad = this.context.createRadialGradient(180,350,50, 180,350,220)
         grad.addColorStop(0.0, '#ff0000')
         grad.addColorStop(0.5, '#ffffff')
         grad.addColorStop(1.0, '#00ff00')
         this.context.fillStyle = grad
         this.context.fillRect(0, 0, 800, 800)
        })
    }
    .width('100%')
    .height('100%')
  }
}
```

其预览效果如图 2-21 所示。

图 2-21　Canvas 示例

2. Shape

Shape 在绘制组件中作为父组件，描述所有绘制组件均支持的通用属性，可实现类似于可缩放矢量图形（Scalable Vector Graphics，SVG）的效果。Shape 有 7 种绘制类型，分别为 Circle（圆形）、Ellipse（椭圆形）、Line（直线）、Polyline（折线）、Polygon（多边形）、Path（路径）、Rect（矩形）。它们可以单独使用，在页面上绘制指定的图形。

绘制组件的接口如下。

```
Shape(value?: PixelMap)
```

其可选参数如下。

value：将图形绘制在指定的 PixelMap 对象中，若未设置，则在当前绘制目标中进行绘制。

【例 2-21】Shape 使用示例，展示类似于 SVG 的效果。

【项目实现】设计转盘式抽奖程序

汪工程师接到任务后分析了项目要求，把此项目分成两个任务来实现：设计转盘式抽奖程序界面和编写转盘式抽奖程序代码。同时，规划项目的代码结构如下。

```
├───entry/src/main/ets                              //代码区
│    ├───class
│    │    ├───ColorConstants.ets                    //颜色常量类
│    │    ├───CommonConstants.ets                   //公共常量类
│    │    ├───CheckEmptyUtils.ets                   //数据判空工具类
│    │    ├───StyleConstants.ets                    //样式常量类
│    │    ├───DrawModel.ets                         //画布相关方法类
│    │    ├───FillArcData.ets                       //绘制圆弧数据实体类
│    │    ├───Logger.ets                            //日志打印类
│    │    ├───PrizeData.ets                         //中奖信息实体类
│    │    └───PrizeDialog.ets                       //中奖信息弹窗类
│    ├───entrybackupability
│    │    └───EntryBackupAbility.ets                //程序备份入口类
│    ├───entryability
│    │    └───EntryAbility.ts                       //程序入口类
│    └───pages
│         └───Index.ets                             //主界面
└───entry/src/main/resources                        //资源文件目录
     ├───base/element                               //元素资源
     │    ├───color.json                            //颜色数据
     │    ├───float.json                            //浮点型数据
     │    └───string.json                           //字符串数据
     └───base/media                                 //图片资源
```

任务 2-1 设计转盘式抽奖程序界面

1. 任务分析

转盘式抽奖程序的界面要有抽奖开始按钮、抽奖过程展示以及抽奖结果显示，其中抽奖开始界面要直观地展示可能抽中的奖品，而抽奖过程可以用动画来实现。

2. 代码实现

（1）新建项目 project2，在页面文件 Index.ets 的顶部添加如下代码。

```
import window from '@ohos.window';
import Logger from './class/Logger';
```

（2）在页面文件 Index.ets 中 build()的前面添加如下代码。

```
@State screenWidth: number = 0;
@State screenHeight: number = 0;
aboutToAppear() {//获取屏幕的宽度与高度
  window.getLastWindow(context)
    .then((windowClass: window.Window) => {
      let windowProperties = windowClass.getWindowProperties();
      this.screenWidth = px2vp(windowProperties.windowRect.width);
      this.screenHeight = px2vp(windowProperties.windowRect.height);
    })
    .catch((error: Error) => {
      Logger.error('无法获取窗口大小。原因: ' + JSON.stringify(error));
    })
}
```

（3）在页面文件 Index.ets 中@Entry 的前面添加如下代码。

```
import DrawModel from './class/DrawModel';
import PrizeDialog from './class/PrizeDialog';
import PrizeData from './class/PrizeData';
import StyleConstants from './class/StyleConstants';
import CommonConstants from './class/CommonConstants';
let context = getContext(this); //获取上下文
```

（4）将页面文件 Index.ets 中以@State message 开头的一行代码替换成如下代码。

```
private settings: RenderingContextSettings = new RenderingContextSettings(true);
private canvasContext: CanvasRenderingContext2D = new CanvasRenderingContext2D(this.settings);
```

（5）将页面 Index.ets 中以 Relative Container()开头的一行到倒数第三行替换成如下代码。

```
Stack({ alignContent: Alignment.Center }) {
  Canvas(this.canvasContext)
    .width(StyleConstants.FULL_PERCENT)
    .height(StyleConstants.FULL_PERCENT)
    .onReady(() => { //通过draw()方法进行绘制
      this.drawModel.draw(this.canvasContext, this.screenWidth, this.screenHeight);
    })
    //此处省略几行代码
  Image($r('app.media.ic_center')) //开始抽奖图片
    .width(StyleConstants.CENTER_IMAGE_WIDTH)
    .height(StyleConstants.CENTER_IMAGE_HEIGHT)
    .enabled(this.enableFlag).margin({top:50})
    .onClick(() => {
      this.enableFlag = !this.enableFlag;
      //此处省略一行代码
    })
}
.width(StyleConstants.FULL_PERCENT)
.height(StyleConstants.FULL_PERCENT)
.backgroundImage($r('app.media.ic_background'), ImageRepeat.NoRepeat)
.backgroundImageSize({
 width: StyleConstants.FULL_PERCENT,
 height: StyleConstants.BACKGROUND_IMAGE_SIZE
})
```

3. 运行效果

转盘式抽奖程序界面效果如图 2-22 所示,下面将根据此界面来编写代码。

任务 2-2　编写转盘式抽奖程序代码

1. 任务分析

点击"开始"按钮即可开始抽奖,抽奖结束后会自动显示抽奖结果,用户确认后即可关闭抽奖结果。若要重新抽奖,可以重复前面的步骤。

2. 代码实现

（1）新建页面文件 DrawModel.ets，通过 draw()方法绘制圆形抽奖转盘。

图 2-22　转盘式抽奖程序
界面效果

```
//绘制圆形抽奖转盘
draw(canvasContext: CanvasRenderingContext2D, screenWidth: number, screenHeight:
number) {
  if (CheckEmptyUtils.isEmptyObj(canvasContext)) {
    Logger.error('[DrawModel][draw]画布上下文为空。');
    return;
  }
  this.canvasContext = canvasContext;
  this.screenWidth = screenWidth;
  this.canvasContext.clearRect(0, 0, this.screenWidth, screenHeight);
  this.canvasContext.translate(this.screenWidth / CommonConstants.TWO,
    screenHeight / CommonConstants.TWO); //指定画布平移距离
  this.drawFlower();                      //绘制外部圆盘的花瓣
  this.drawOutCircle();                   //绘制外部圆盘、小圆圈
  this.drawInnerCircle();                 //绘制内部圆盘
  this.drawInnerArc();                    //绘制内部扇形抽奖区域
  this.drawArcText();                     //绘制内部扇形抽奖区域的文字
  this.drawImage();                       //绘制内部扇形抽奖区域奖品对应的图片
  this.canvasContext.translate(-this.screenWidth / CommonConstants.TWO,
    -screenHeight / CommonConstants.TWO);
}
```

（2）回到页面文件 Index.ets，给 Canvas 组件添加 rotate 属性，给 Image 组件添加点击事件。

```
Canvas(this.canvasContext)
  .width(StyleConstants.FULL_PERCENT)
  .height(StyleConstants.FULL_PERCENT)
  .onReady(() => { //通过 draw()方法进行绘制
    this.drawModel.draw(this.canvasContext,  this.screenWidth,  this.screen
Height);
  })
  .rotate({
    x: 0,
    y: 0,
    z: 1,
    angle: this.rotateDegree,
    centerX: this.screenWidth / CommonConstants.TWO,
    centerY: this.screenHeight / CommonConstants.TWO
  })
Image($r('app.media.ic_center')) //开始抽奖图片
```

```
    .width(StyleConstants.CENTER_IMAGE_WIDTH)
    .height(StyleConstants.CENTER_IMAGE_HEIGHT)
    .enabled(this.enableFlag).margin({top:50})
    .onClick(() => {
      this.enableFlag = !this.enableFlag;
      this.startAnimator();
    })
```

（3）在页面 Index.ets 中 build()的前面添加如下代码。

```
@State drawModel: DrawModel = new DrawModel();
@State rotateDegree: number = 0;
@State enableFlag: boolean = true;
@State prizeData: PrizeData = new PrizeData();
dialogController: CustomDialogController = new CustomDialogController({
  builder: PrizeDialog({
    prizeData: $prizeData,
    enableFlag: $enableFlag
  }),
  autoCancel: false
});
startAnimator() { //启动动画
  let randomAngle = Math.round(Math.random() * CommonConstants.CIRCLE);
  this.prizeData = this.drawModel.showPrizeData(randomAngle);//获取奖品信息
  animateTo({
    duration: CommonConstants.DURATION,
    curve: Curve.Ease,
    delay: 0,
    iterations: 1,
    playMode: PlayMode.Normal,
    onFinish: () => {
      this.rotateDegree = CommonConstants.ANGLE - randomAngle;
      this.dialogController.open();//弹窗显示奖品信息
    }
  }, () => {
    this.rotateDegree = CommonConstants.CIRCLE * CommonConstants.FIVE +
    CommonConstants.ANGLE - randomAngle;
  })
}
```

3. 运行效果

将上述文件保存后引入相关的工具类文件以及图片资源、字符串、颜色、布尔值等文件，保存项目，编译后在模拟器上运行，效果如图 2-23 所示，转盘式抽奖程序成功实现。

图 2-23 动态效果

图 2-23　转盘式抽奖
程序运行效果

【小结及提高】

本项目实现了简单的抽奖程序。通过学习本项目，读者能够掌握常用的自适应布局和响应式布局，以及常见的基础组件、容器组件、媒体组件和绘制组件，能够熟练应用常用布局和组件来解决实际问题。本项目还可以进一步拓展，如添加奖项的种类、是否百分之百中奖、是否保存中奖数据等。

雷军是小米科技的创始人，他兼具创新精神和工匠精神，凭借卓越的成就成为了中国科技领域的一颗璀璨明星。在程序员群体中，也不乏具有工匠精神的代表。他们专注于代码编写，追求极致的速度、安全、简洁和美感。他们不断学习新的编程语言和技术，保持对新知识的好奇心和探索欲。在工作中，他们注重细节，精益求精，通过不断地实践累积实际项目的经验来提高自己的编程技能和水平。他们的工匠精神不仅实现了个人职业的发展，也推动了整个技术行业的进步。

【项目实训】

1. 实训要求

基于基础组件和容器组件，实现一个支持加减乘除混合运算的计算器应用程序。

2. 步骤提示

计算器由表达式输入框、结果输出框、输入区域 3 个部分组成，其中表达式输入框位于页面顶部，可使用 TextInput 组件实时显示输入的数据；结果输出框位于表达式输入框下方，可使用 Text 组件实时显示计算结果和"错误"提示；用 ForEach 组件渲染输入区域，其中 0~9、"."".""%"用 Text 组件渲染；"+""–""×""÷""="、清零按钮、删除按钮用 Image 组件渲染。计算器应用程序界面的效果如图 2-24 所示。

图 2-24 计算器应用程序界面的效果

【习题】

一、填空题

1. UI 常用的布局主要分为两大类：＿＿＿＿＿＿＿＿＿和＿＿＿＿＿＿＿＿＿。

2. 自适应布局主要包括＿＿＿＿＿＿、＿＿＿＿＿＿、＿＿＿＿＿＿、＿＿＿＿＿＿、＿＿＿＿＿＿等。

3. 响应式布局主要包括＿＿＿＿＿＿和＿＿＿＿＿＿。

4. UI 常用组件包括＿＿＿＿＿＿、＿＿＿＿＿＿、＿＿＿＿＿＿、＿＿＿＿＿＿等。

5. 绘制组件主要有＿＿＿＿＿＿和＿＿＿＿＿＿。

二、编程题

1. 编程实现转盘式抽奖程序。

2. 编程实现电子相册程序，可以通过捏合和拖曳手势控制图片的放大、缩小、左右拖动查看细节等效果。

3. 编程实现一个可刷新的排行榜页面。

项目3
设计闹钟程序

03

【项目导入】

　　云林科技为了更好地服务员工，将开发一款可以独立使用的闹钟程序，公司经理把这个任务交给了技术部黎工程师，并提出程序要有美观的界面，可以方便地进行各种操作；要有扩展性，后期可以嵌入公司 App；只需手机就可使用等要求。闹钟程序界面如图 3-1 所示。

图 3-1　闹钟程序界面

【项目分析】

　　完成本项目需要用到动画、公共事件、通知等相关知识。

【知识目标】
- 了解常用的动画。
- 了解常用的公共事件和通知。

【能力目标】
- 能够熟练使用常用的动画。
- 能够综合使用动画、公共事件、通知等来解决问题。
- 能够熟练完成常用公共事件的订阅和通知发布。

【素养目标】
具有爱岗敬业的良好职业道德。

【知识储备】

3.1 动画

动画是一种通过连续播放一系列画面，使这些画面在视觉上产生动态效果的艺术形式。

在鸿蒙系统中，动画可以理解为一种通过对 UI 变化添加流畅度的过渡效果，也可以理解为一种能够增强用户界面交互体验的重要手段。UI 的一次改变称为一个动画帧，对应一次屏幕刷新，而决定动画流畅度的一个重要指标是帧率（Frame Rate），即每秒的帧数，帧率越高，动画越流畅。

产生动画的方式是改变动画属性值并指定动画参数。动画参数包含动画时长、变化规律（即曲线）等。当动画属性值发生变化后，按照指定的动画参数，从原来的状态过渡到新的状态，即形成一个动画效果。

在鸿蒙应用中动画可按基础能力分为属性动画、显式动画、转场动画 3 种。另外，路径动画是一种特殊的动画，不能简单地划入属性动画或者显式动画，因而单独讲解。

3.1.1 属性动画

属性动画是组件的某些通用属性变化而触发的过渡动画，可以提升用户体验。属性动画支持的属性包括 width、height、backgroundColor、opacity、scale、rotate、translate 等。其接口如下。

```
animation(value: {duration?: number, tempo?: number, curve?: string | Curve | ICurve,
delay?:number, iterations: number, playMode?: PlayMode, onFinish?: () => void})
```

其可选参数如下。

duration：设置动画时长，其默认值为 1000，单位为毫秒。

tempo：设置动画播放速度。该数值越大，动画播放速度越快。值为 0 时，表示无动画效果。其默认值为 1。

curve：设置动画曲线，其默认值为 Curve.EaseInOut（平滑的动画曲线）。

delay：设置动画延迟播放时间，其默认值为 0，单位为毫秒，取值范围是[0，+∞)。

iterations：设置动画播放次数，其默认值为 1，取值范围为[-1，+∞)。值为-1 时表示无限次播放，值为 0 时表示无动画效果。

playMode：设置动画播放模式，默认播放完成后从头开始播放，其默认值为 PlayMode. Normal。

onFinish：状态回调，动画播放完成时触发。当 iterations 设置为-1 时，动画效果无限循环，不会停止，所以不会触发此回调。

【例 3-1】属性动画示例，通过改变组件的大小和旋转角度来实现。

实现此动画的思路：可改变按钮的宽度和高度，也可改变按钮的旋转角度。

新建项目 test3，在项目 test3 中新建页面文件 AttrAnimationExam.ets，其代码如下。

```
//AttrAnimationExam.ets
@Entry
@Component
struct AttrAnimationExam {
  @State widthSize: number = 250
  @State heightSize: number = 100
  @State rotateAngle: number = 0
  @State flag: boolean = true

  build() {
    Column() {
      Button('改变大小')
        .onClick(() => {
          if (this.flag) {
            this.widthSize = 150
            this.heightSize = 60
          } else {
            this.widthSize = 250
            this.heightSize = 100
          }
          this.flag = !this.flag
        })
        .margin(30)
        .width(this.widthSize)
        .height(this.heightSize)
        .animation({
          duration: 2000,
          curve: Curve.EaseOut,
          iterations: 3,
          playMode: PlayMode.Normal
        })
      Button('改变旋转角度')
        .onClick(() => {
          this.rotateAngle = 1080
        })
        .margin(50)
        .rotate({ angle: this.rotateAngle })
        .animation({
          duration: 1200,
          curve: Curve.Friction,
          delay: 500,
          iterations: -1, //设置为-1表示动画无限循环
          playMode: PlayMode.Alternate
```

```
    })
  }.width('100%').margin({ top: 20 })
  }
}
```

其预览效果如图 3-2 所示。

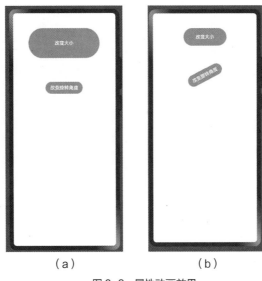

例 3-1 动态效果

（a）　　　　　　　　（b）

图 3-2　属性动画效果

3.1.2　显式动画

显式动画是由闭包（闭包是实现动画效果的一种方式，它允许开发者在函数内部定义一个函数，此函数可以访问外部函数的变量，使得开发者可以在动画过程中动态地修改状态，并且这些状态的变化会触发动画效果）内的变化触发的动画，这些变化包括由数据变化引起的组件的增删、组件属性的变化等。显式动画可以用于实现较为复杂的动画，其接口如下。

```
animateTo(value: AnimateParam, event: () => void): void
```

其必需参数如下。

value：类型为 AnimateParam 对象，用于设置动画效果相关参数。

event：指定闭包函数，当闭包函数发生状态变化时，系统会自动插入过渡动画。

AnimateParam 对象与属性动画的可选参数类似。

【例 3-2】显式动画示例，通过改变闭包内两种以上的状态来实现。

实现此动画的思路：可以同时改变按钮的大小和旋转角度。

在项目 test3 中新建页面文件 AnimateToExam.ets，其代码如下。

```
//AnimateToExam.ets
@Entry
@Component
struct AnimateToExam {
  @State widthSize: number = 250
  @State heightSize: number = 100
  @State rotateAngle: number = 0
```

```
private flag: boolean = true

build() {
  Row() {
    Column() {
      Button('同时更改大小和旋转角度')
        .width(this.widthSize)
        .height(this.heightSize)
        .rotate({ x: 0, y: 0, z: 1, angle: this.rotateAngle })
        .onClick(() => {
          if (this.flag) {
            animateTo({
              duration: 1200,
              curve: Curve.Friction,
              iterations: -1,
              playMode: PlayMode.Alternate,
              onFinish: () => {
                console.info('播放结束')
              }
            }, () => {
              this.widthSize = 150
              this.heightSize = 60
              this.rotateAngle = 1080
            })
          } else {
            animateTo({}, () => {
              this.widthSize = 300
              this.heightSize = 120
              this.rotateAngle = 2160
            })
          }
          this.flag = !this.flag
        })

    }.width('100%')
  }.height('100%')
  }
}
```

其预览效果如图 3-3 所示。

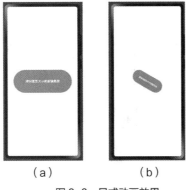

（a）　　　　　　（b）

图 3-3　显式动画效果

例 3-2 动态效果

3.1.3　转场动画

转场动画包括组件内转场动画、页面间转场动画和共享元素转场动画。

1. 组件内转场动画

组件内转场动画通过 transition 属性配置转场参数，用于在容器组件中插入或删除组件时显示过渡效果，可以提升用户体验（和 animateTo 结合使用时才能生效，动画时长、动画曲线、动画延迟播放时间沿用 animateTo 中的配置）。

属性 transition 的参数类型为 TransitionEffect，功能是设置组件插入或删除时的过渡效果，以及转场动画结束回调。不设置任何过渡效果时，默认有透明度从 0 到 1 的过渡效果。若设置了其他过渡效果，以设置的过渡效果为准。

【例 3-3】组件内转场动画示例，通过控制页面内某个组件的显示与消失来实现。

实现此动画的思路：可以点击按钮控制图片的显示或消失。

在项目 test3 中新建页面文件 TransitionExam.ets，其代码如下。

```
//TransitionExam.ets
@Entry
@Component
struct TransitionExam {
  @State flag: boolean = true
  @State show: string = '消失'
  build() {
    Column() {
      Button(this.show).width(80).height(30).margin(30)
        .onClick(() => {
          //点击按钮控制图片的显示或消失
          animateTo({ duration: 1000 }, () => {
            if (this.flag) {
              this.show = '显示'
            } else {
              this.show = '消失'
            }
            this.flag = !this.flag
          })
        })
      if (this.flag) {
        //图片的显示或消失配置为不同的过渡效果
        Image($r("app.media.img30600")).width(300).height(600)
          .transition({
            type: TransitionType.Insert, //指定生效场景为插入显示场景
            scale: { x: 0, y: 1.0 } //设置缩放效果
          })
          .transition({
            type: TransitionType.Delete, //指定生效场景为删除隐藏场景
            rotate: { angle: 180 } //设置旋转效果
          })
      }
```

```
    }.width('100%')
  }
}
```

其预览效果如图 3-4 所示。

例 3-3 动态效果

（a）　　　　　　　　　　（b）

图 3-4　组件内转场动画效果

2. 页面间转场动画

页面间转场动画是在全局 pageTransition() 方法内配置页面入场和页面退场时的自定义转场动画。其接口如下。

```
pageTransition?(): void
```

【例 3-4】页面间转场动画示例，通过从一个页面跳转到另一个页面来实现。

实现此动画的思路：可以在第一个页面文件 index.ets 和第二个页面文件 PageTransition Exam.ets 中定义入场与退场的效果。

用如下代码替换项目 test3 中页面文件 index.ets 的内容。

```
//index.ets
import router from '@ohos.router';//导入页面路由模块
@Entry
@Component
struct Index {
  @State scale1: number = 1
  @State opacity1: number = 1
  build() {
    Column() {
      Image($r('app.media.img30600')) //图片存放在 media 文件夹下
        .width('100%').height('100%')
        .onClick(() => {
          router.pushUrl({ url: 'pages/PageTransitionExam' }, router.RouterMode.Standard,
(err) => {
            if (err) {
              console.error(' 未 能 跳 转 。 出 错 代 码 是  ${err.code}, 出 错 信 息 是  ${err.
```

```
message}');
            return;
          }
          console.info('成功跳转');
        });
      })
    }.scale({ x: this.scale1 }).opacity(this.opacity1)
  }
  pageTransition() {//完全自定义转场过程的效果
    PageTransitionEnter({ duration: 1200, curve: Curve.Linear })
      .onEnter((_type: RouteType, progress: number) => {
        this.scale1 = 1
        this.opacity1 = progress
      }) //入场过程中会逐帧触发 onEnter()回调，入参为动画的归一化进度(0%～100%)
    PageTransitionExit({ duration: 1500, curve: Curve.Ease })
      .onExit((_type: RouteType, progress: number) => {
        this.scale1 = 1 - progress
        this.opacity1 = 1
      }) //退场过程中会逐帧触发 onExit()回调，入参为动画的归一化进度(0%～100%)
  }
}
```

在项目 test3 中新建页面文件 PageTransitionExam.ets，其代码如下。

```
//PageTransitionExam.ets
import router from '@ohos.router';//导入页面路由模块
@Entry
@Component
struct PageTransitionExam {
  @State scale2: number = 1
  @State opacity2: number = 1
  build() {
    Column() {
      Image($r('app.media.img30601'))  //图片存放在 media 文件夹下
        .width('100%').height('100%')
        .onClick(() => {
          router.pushUrl({url: 'pages/Index' },router.RouterMode.Standard, (err) => {
            if (err) {
             console.error('未能跳转。出错代码是 ${err.code},出错信息是 ${err.message}');
             return;
            }
            console.info('成功跳转');
          });
        })
    }.width('100%').height('100%').scale({ x: this.scale2 }).opacity(this.opacity2)
  }

  pageTransition() {//完全自定义转场过程的效果
    PageTransitionEnter({ duration: 1200, curve: Curve.Linear })
      .onEnter((_type: RouteType, progress: number) => {
        this.scale2 = 1
        this.opacity2 = progress
```

```
    })
  PageTransitionExit({ duration: 1500, curve: Curve.Ease })
    .onExit((_type: RouteType, progress: number) => {
      this.scale2 = 1 - progress
      this.opacity2 = 1
    })
  }
}
```

其中，点击第一个页面时的效果如图 3-5 所示。

（a）

（b）

例3-4 动态效果

图 3-5　页面间转场动画效果

3. 共享元素转场动画

共享元素转场动画通过设置组件的 sharedTransition 属性将该组件标记为共享元素，并设置对应的共享元素转场动画。

【例3-5】共享元素转场动画示例，通过对页面间标记为共享元素的组件设置动态效果来实现。

实现此动画的思路：在第一个页面文件 SharedTransitionExam.ets 和第二个页面文件 SharedTransitionExamSecond.ets 中设置动态效果。

在项目 test3 中新建页面文件 SharedTransitionExam.ets，其代码如下。

```
//SharedTransitionExam.ets
import router from '@ohos.router';//导入页面路由模块
@Entry
@Component
struct SharedTransitionExam {
  @State active: boolean = false
  build() {
    Column() {
      Image($r('app.media.startIcon')).width(50).height(50)
        .sharedTransition('sharedImage', { duration: 800, curve: Curve.Linear, delay:
100 })
        .padding({ left: 20, top: 20 })
        .onClick(() => {
          this.active = true;
          router.pushUrl({url:'pages/SharedTransitionExamSecond'},
```

```
router.RouterMode.Standard, (err) => {
        if (err) {
          console.error('未能跳转。出错代码是${err.code},出错信息是 ${err.message}');
          return;
        }
        console.info('成功跳转');
      });
    })
  }
 }
}
```

在项目 test3 中新建页面文件 SharedTransitionExamSecond.ets，其代码如下。

```
//SharedTransitionExamSecond.ets
@Entry
@Component
struct SharedTransitionExamSecond {
  build() {
    Stack() {
      Image($r('app.media.startIcon')).width(150).height(150)
        .sharedTransition('sharedImage', { duration: 800, curve: Curve.Linear, delay:
100 })
    }.width('100%').height('100%')
  }
}
```

其中，点击第一个页面时的效果如图 3-6 所示。

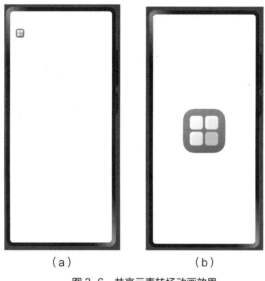

（a）　　　　　　　　（b）

例 3-5 动态效果

图 3-6　共享元素转场动画效果

3.1.4　路径动画

路径动画通过 motionPath 属性配置组件位移时的运动路径，可以显著提升用户体验（与 animateTo 结合使用时才能生效，动画时长、动画曲线、动画延迟播放时间沿用 animateTo

中的配置）。其接口如下。

```
.motionPath({path: string, from?: number, to?: number, rotatable?: boolean})
```

其必需参数如下。

path：设置运动路径，使用 SVG 路径字符串。path 中支持使用 start 和 end 进行起点和终点的替代，如'Mstart.x start.y L50 50 Lend.x end.y Z'。

from：设置运动路径的起点，其取值范围为[0, 1]。

to：设置运动路径的终点，其取值范围为[0, 1]。

rotatable：设置是否跟随路径进行旋转。

【例 3-6】路径动画示例，通过设置组件的运动路径触发位移效果来实现。

实现此动画的思路：可以根据实际需要设置组件的具体运动路径。

在项目 test3 中新建页面文件 MotionPathExam.ets，其代码如下。

```
//MotionPathExam.ets
@Entry
@Component
struct MotionPathExam {
  @State toggle: boolean = true
  build() {
    Column() {
      Button('点击我').margin(50)
        //执行动画: 从起点移动到(300,200)，再移动到(300,500)，最后移动到终点
        .motionPath({ path: 'Mstart.x start.y L300 200 L300 500 Lend.x end.y', from:
0.0, to: 1.0, rotatable: true })
        .onClick(() => {
          animateTo({ duration: 4000, curve: Curve.Linear }, () => {
            this.toggle = !this.toggle //通过 this.toggle 改变组件的位置
          })
        })
    }.width('100%').height('100%')
    .alignItems(this.toggle ? HorizontalAlign.Start : HorizontalAlign.Center)
  }
}
```

其预览效果如图 3-7 所示。

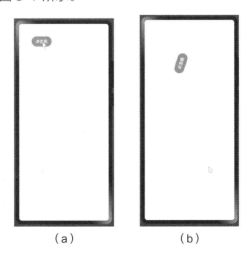

图 3-7 路径动画效果

例 3-6 动态效果

3.2 公共事件

鸿蒙系统通过公共事件服务（Common Event Service，CES）为应用程序提供订阅、发布、退订公共事件的能力。每个应用都可以按需订阅公共事件，当订阅成功且公共事件发布时，系统会将其发送给对应的应用。这些公共事件可能来自系统、其他应用或应用自身。

3.2.1 公共事件分类

根据不同的分类标准，公共事件有不同的分类。

1. 按系统角度分类

公共事件从系统角度可分为以下两种。

（1）系统公共事件：公共事件服务内部定义的公共事件，只有系统应用和系统服务才能发布，如 HAP 的安装、更新、卸载等公共事件。鸿蒙系统目前支持的系统公共事件详见官方枚举列表。

（2）自定义公共事件：应用可以自定义一些公共事件来实现跨进程的事件通信。

2. 按发送方式分类

公共事件按发送方式可分为以下 3 种。

（1）无序公共事件：公共事件服务转发公共事件时，不考虑订阅者是否接收到，且订阅者接收到公共事件的顺序与其订阅顺序无关。

（2）有序公共事件：公共事件服务转发公共事件时，优先将公共事件发送给优先级较高的订阅者，等待其成功接收该公共事件之后再将公共事件发送给优先级较低的订阅者。如果有多个订阅者具有相同的优先级，则他们将随机接收到公共事件。

（3）粘性公共事件：能够让订阅者收到在订阅前已经发送的公共事件就是粘性公共事件。普通的公共事件只能在订阅后收到，而粘性公共事件的特殊性就是可以先发送后订阅。粘性公共事件的发送者必须是系统应用或系统服务，且需要申请 ohos.permission.COMMONEVENT_STICKY 权限。

3.2.2 公共事件开发

公共事件的处理包括公共事件动态订阅、公共事件动态取消及公共事件发布。

公共事件动态订阅是指应用在运行状态时对某个公共事件进行订阅，应用运行期间如果有订阅的事件发布，那么订阅了这个事件的应用将会收到该事件及其传递的参数。例如，某应用希望在其运行期间收到电量过低的事件，并根据该事件降低其运行功耗，那么该应用便可动态订阅电量过低事件，收到该事件后关闭一些非必要的任务来降低功耗。其具体操作步骤如下。

（1）导入模块。

（2）创建订阅者信息。

（3）创建订阅者并且保存返回的订阅者对象。

（4）创建订阅回调函数（订阅回调函数会在接收到事件时触发）。

公共事件动态取消是指动态订阅者完成业务需要时主动取消订阅，可以通过调用 unsubscribe() 方法取消订阅公共事件。其具体操作步骤如下。

（1）导入模块。

（2）创建订阅者信息。

（3）创建订阅者并保存返回的订阅者对象。

（4）调用 CommonEvent 中的 unsubscribe()方法取消订阅某公共事件。

需要发布某个自定义公共事件时，可以使用 publish()方法。发布的公共事件可以携带数据，供订阅者解析并进行下一步处理。

【例 3-7】公共事件，通过实例来演示具体的使用方法。

实现此公共事件的思路：可以通过创建订阅者、订阅公共事件、发布公共事件等操作来演示。

在项目 test3 中新建页面文件 CommonEvent.ets，其代码如下。

```
//CommonEvent.ets
import {BusinessError, commonEventManager} from '@kit.BasicServicesKit';//导入模块
@Entry
@Component
struct CommonEvent {
  @State text: string = "";
  @State publish: string = "";
  private eventName="zidbInfo";
  //订阅者
  private subscriber:commonEventManager.CommonEventSubscriber | null = null;
  //订阅者信息
  private subscribeInfo: commonEventManager.CommonEventSubscribeInfo = {
    events: [this.eventName], //订阅公共事件
  }
  private createSubscriber() {//创建订阅者
    if (this.subscriber) {
      this.text = "订阅者已经创建";
    } else {
      commonEventManager.createSubscriber(this.subscribeInfo, (err: BusinessError,
subscriber:commonEventManager.CommonEventSubscriber) => { //创建结果的回调
        if (err) {
          this.text = "创建订阅者失败";
        } else {
          this.subscriber = subscriber; //创建订阅成功
          this.text = "创建订阅者成功";
        }
      })
    }
  }
  private async subscribe() {//订阅事件
    if (this.subscriber) {
      this.text="正在获取信息，请稍候！";
      commonEventManager.subscribe(this.subscriber, (err: BusinessError, data:
commonEventManager.CommonEventData) => {
        if (err) {//异常处理
          this.text = "订阅事件失败。代码为" + err.code+", 消息为"+err.message;
        } else {//接收到事件
          this.text = "订阅事件成功: "  + JSON.stringify(data);
        }
      })
    } else {
```

```
        this.text = "需要创建订阅者";
      }
    }
    private unsubscribe() { //取消订阅事件
      if (this.subscriber) {
        commonEventManager.unsubscribe(this.subscriber, (err) => {
          if (err) {
            this.text = "取消订阅事件失败: " + err;
          } else {
            this.subscriber = null;
            this.text = "取消订阅事件成功";
          }
        })
      } else {
        this.text = "未订阅";
      }
    }
    private publishEvent() { //发布不携带信息的公共事件
      commonEventManager.publish(this.eventName, (err) => { //发布事件
        if (err) { //结果回调
          this.publish = "发布事件错误:" + err.code + ", " + err.message + ", " + err.name
+ ", " + err.stack;
        } else {
          this.publish = "发布事件成功";
        }
      })
    }
    private publishEventWithData() { //发布携带信息的公共事件
      commonEventManager.publish(this.eventName, { //发布事件
        code: 20250120, //事件携带的参数
        data: "发布的数据",
        parameters: {
          id: 1,
          content: "鸿蒙欢迎你",
          moduleName: "ZiDB"
        }
      }, (err) => { //结果回调
        if (err) {
          this.publish = "发布事件错误: " + err.code + ", " + err.message + ", " + err.name
+ ", " + err.stack;
        } else {
          this.publish = "携带信息的发布事件成功";
        }
      })
    }
    build() {
      Column({ space: 10 }) {
        Button("创建订阅者").size({ width: 260, height: 50 })
          .onClick(() => {
            this.createSubscriber();
          })
        Button("订阅公共事件").size({ width: 260, height: 50 })
          .onClick(() => {
```

```
      this.subscribe();
    })
  Button("发布公共事件").size({ width: 260, height: 50 })
    .onClick(() => {
      this.publishEvent();
    })
  Button("发布公共事件指定公共信息").size({ width: 260, height: 50 })
    .onClick(() => {
      this.publishEventWithData();
    })
  Button("取消订阅").size({ width: 260, height: 50 })
    .onClick(() => {
      this.unsubscribe();
    })
  Text(this.publish).size({ width: 260 }).fontSize(22)
  Divider().size({ width: 260, height: 5 })
  Text(this.text).size({ width: 260 }).fontSize(22)
  }
  .padding(10)
  .size({ width: "100%", height: '100%' })
  }
}
```

将 EntryAbility.ets 文件中 loadContent 接口的第 1 个参数改为"pages/CommonEvent"，启动模拟器，运行项目 test3，其效果如图 3-8 所示。

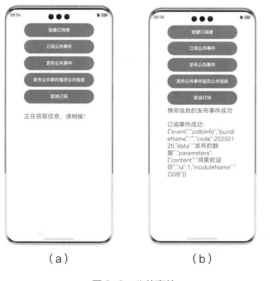

例 3-7 动态效果

（a）   （b）

图 3-8　公共事件

3.3　通知

鸿蒙系统通过通知增强服务（Advanced Notification Service，ANS）对通知类型的消息进行管理，支持多种通知类型，如基础类型通知、进度条类型通知。

3.3.1 通知简介

应用可以通过通知接口发送通知消息，终端用户可以通过通知栏查看通知内容，也可以点击通知来打开应用。

1. 通知常见的使用场景

（1）显示接收到的短消息、即时消息等。

（2）显示应用的推送消息，如广告、版本更新等。

（3）显示当前正在进行的事件，如下载等。

2. 通知业务流程

通知业务流程由通知子系统、通知发送端、通知订阅端组成，如图3-9所示。通知产生于通知发送端，通过进程间通信（Inter-Process Communication，IPC）发送到通知子系统，再由通知子系统分发给通知订阅端。

（1）通知子系统是用于管理和分发通知的核心模块，旨在为开发者提供高效、统一的通知管理能力，同时为用户提供一致的通知交互体验。通知子系统通过标准化接口和分布式能力，支持多设备协同、跨设备通知同步及灵活的通知交互方式。

（2）通知发送端可以是第三方应用或系统应用。开发者需要重点关注。

（3）通知订阅端只能为系统应用，如通知中心。通知中心默认订阅手机上所有应用对当前用户的通知。开发者无须关注。

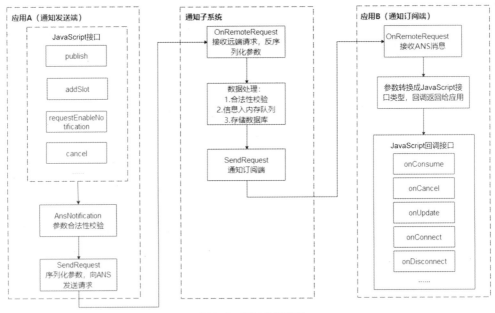

图3-9 通知业务流程

3.3.2 通知发布

通知发布主要包括基础类型通知发布和进度条类型通知发布两大类。

基础类型通知发布主要用于发送短信息、提示信息、广告推送信息等，支持普通文本类型、长文本类型、多行文本类型和图片类型。

基础类型通知发布的具体步骤如下。

（1）导入模块。

（2）请求通知授权。

（3）构造 NotificationRequest 对象并发布通知。

进度条类型通知发布主要应用于文件下载、事务处理进度显示。鸿蒙系统提供了进度条模板，可以设置模板名、模板数据，通过通知子系统发送到通知栏显示。

进度条类型通知发布的具体步骤如下。

（1）导入模块。

（2）请求通知授权。

（3）查询系统是否支持进度条模板。

（4）构造进度条模板对象并发布通知。

【例 3-8】通知发布，通过实例来演示具体的使用方法。

实现此示例的思路：通过请求启用通知、发布基础类型通知、发布进度条通知等操作来展示。

在项目 test3 中新建页面文件 NotifyExam.ets，其代码如下。

```
//NotifyExam.ets
import { notificationManager } from '@kit.NotificationKit';
import { BusinessError } from '@kit.BasicServicesKit';
import { common } from '@kit.AbilityKit';
@Entry
@Component
struct NotifyExam {
  @State message: string = '';
  private isSupportTpl: boolean = false;
  private isEnableNotify(){
    let context = getContext(this) as common.UIAbilityContext;
    notificationManager.isNotificationEnabled().then((data: boolean) => {
      if(!data){
        notificationManager.requestEnableNotification(context).then(() => {
          this.message="请求启用通知成功";
        }).catch((err : BusinessError) => {
          if(1600004 == err.code){
            this.message="拒绝请求启用通知, 代码: " + err.code + ",信息: " + err.message;
            return;
          } else {
            this.message="请求启用通知失败, 代码: " + err.code + ",信息" + err.message;
            return;
          }
        });
        this.message="正在请求启用通知, 相关信息: " + JSON.stringify(data);
      }
    }).catch((err : BusinessError) => {
      this.message="不允许请求启用通知, 代码: " + err.code + ",信息: " + err.message;
    });
  }
```

```
    private publishNotify() {//发布基础类型通知
      this.message="正在发布基础通知, 请稍候! ";
      let notificationRequest: notificationManager.NotificationRequest = {
        id: 1,
        content: {
          notificationContentType:
notificationManager.ContentType.NOTIFICATION_CONTENT_MULTILINE, //多行文本类型通知
          multiLine: {
            title: '鸿蒙赞',
            text: '鸿蒙颂',
            briefText: '万物互联, 鸿蒙通吃! ',
            longTitle: '鸿蒙赞',
            lines: ['鸿蒙纯血强, 自主内核扬。生态互联畅, ','万物共辉煌。流畅无卡顿, 体验自难忘。',
'安全有保障, 隐私固金汤。'],
          }
        }
      };
      notificationManager.publish(notificationRequest, (err: BusinessError) => {
        if (err) {
          this.message="发布基础通知错误: " + err.code + ", " + err.message;
          return;
        }
        this.message="发布基础通知成功";
      });
    }
    private publishNotifyWithDownload() {//发布进度条通知
notificationManager.isSupportTemplate('downloadTemplate').then((data:boolean) => {
        this.message="支持下载模板通知。" + JSON.stringify(data);
        this.isSupportTpl = data;
        if(this.isSupportTpl){//支持进度条通知
          let notificationRequest: notificationManager.NotificationRequest = {
            id: 5,
            content: {
              notificationContentType:
notificationManager.ContentType.NOTIFICATION_CONTENT_BASIC_TEXT,
              normal: {
                title: '鸿蒙新版发布',
                text: '鸿蒙新版发布',
                additionalText: '万物互联, 鸿蒙通吃! '
              }
            },
            template: {//构造进度条模板, name 字段当前需要固定配置为 downloadTemplate
              name: 'downloadTemplate',
              data: { title: '鸿蒙新版发布', fileName: 'HarmonyOS.zip', progressValue: 45 }
            }
          }
          this.message="正在发布进度条通知, 请稍候! ";
          notificationManager.publish(notificationRequest, (err: BusinessError) => {
            if (err) {
              this.message="发布进度条通知错误: " + err.code + ", " + err.message;
              return;
            }
```

```
      this.message="发布进度条通知成功";
    });
  } else {//不支持进度条通知
    this.message="不支持进度条通知发布";
  }
  }).catch((err: BusinessError) => {
    this.message="查询错误，代码: "+ err.code + ",信息: " + err.message;
  });
}
build() {
  Column({ space: 10 }) {
    Button("请求通知授权").size({ width: 260, height: 50 })
      .onClick(() => {
        this.isEnableNotify();
      })
    Button("发布基础类型通知").size({ width: 260, height: 50 })
      .onClick(() => {
        this.publishNotify();
      })
    Button("发布进度条通知").size({ width: 260, height: 50 })
      .onClick(() => {
        this.publishNotifyWithDownload();
      })
    Text(this.message).size({ width: 260 }).fontSize(20)
  }
  .padding(10).size({ width: "100%", height: '100%' })
  }
}
```

将 EntryAbility.ets 文件中 loadContent 接口的第 1 个参数改为"pages/NotifyExam"，启动模拟器，运行项目 test3，其效果如图 3-10 所示。

（a）

（b）

（c）

例 3-8 动态效果

图 3-10　通知发布

【项目实现】设计闹钟程序

接到任务后，黎工程师分析了项目要求，把此项目分成两个任务来实现：设计闹钟程序界面和编写闹钟程序代码。同时，规划项目的代码结构如下。

```
├───entry/src/main/ets                          //代码区
│   ├───class
│   │   ├───common
│   │   │   ├───constants
│   │   │   │   ├───AlarmSettingType.ets          //闹钟设置类型枚举
│   │   │   │   ├───CommonConstants.ets           //公共常量类
│   │   │   │   ├───DetailConstant.ets            //详情页常量类
│   │   │   │   └───MainConstant.ets              //首页常量类
│   │   │   └───utils
│   │   │       ├───DataTypeUtils.ets             //数据类型工具
│   │   │       ├───DimensionUtil.ets             //屏幕适配工具类
│   │   │       ├───GlobalContext.ets             //类全局 context
│   │   │       └───Logger.ets                    //通用日志工具类
│   │   ├───model
│   │   │   ├───database
│   │   │   │   ├───PreferencesHandler.ets        //轻量级数据库操作类
│   │   │   │   └───PreferencesListener.ets       //轻量级数据库回调接口
│   │   │   └───ReminderService.ets               //系统后台提醒服务类
│   │   ├───view
│   │   │   ├───Detail
│   │   │   │   ├───dialog
│   │   │   │   │   ├───CommonDialog.ets           //公共 Dialog 组件
│   │   │   │   │   ├───DurationDialog.ets         //闹铃时长选择 Dialog 组件
│   │   │   │   │   ├───IntervalDialog.ets         //闹铃间隔选择 Dialog 组件
│   │   │   │   │   ├───RenameDialog.ets           //闹铃名设置 Dialog 组件
│   │   │   │   │   └───RepeatDialog.ets           //闹铃重复设置 Dialog 组件
│   │   │   │   ├───DatePickArea.ets              //详情页时间选择组件
│   │   │   │   └───SettingItem.ets               //详情页设置组件
│   │   │   ├───Main
│   │   │   │   ├───AlarmList.ets                 //主页闹钟列表组件
│   │   │   │   ├───AlarmListItem.ets             //主页闹钟列表子项组件
│   │   │   │   └───ClockArea.ets                 //主页时钟组件
│   │   │   └───BackContainer.ets                 //自定义头部组件
│   │   └───viewmodel
│   │       ├───AlarmItem.ets                     //闹钟属性类
│   │       ├───AlarmSettingItem.ets             //闹钟设置属性类
│   │       ├───DayDataItem.ets.ets              //日期数据属性类
│   │       ├───DetailViewModel.ets              //详情模块逻辑功能类
│   │       ├───MainViewModel.ets                //主页逻辑功能类
│   │       └───ReminderItem.ets                 //后台提醒属性类
│   ├───entryability
│   │   └───EntryAbility.ets                      //程序入口类
│   ├───entrybackupability
│   │   └───EntryBackupAbility.ets                //程序备份入口类
```

```
|       └───pages
|           ├────DetailIndex.ets          //详情页入口文件
|           └────MainIndex.ets            //主页入口文件
└────entry/src/main/resources            //资源文件目录
     ├─────base/element                  //元素资源
     |     ├─────color.json              //颜色数据
     |     ├─────float.json              //浮点型数据
     |     └─────string.json             //字符串数据
     └─────base/media                    //图片资源
```

任务 3-1　设计闹钟程序界面

1. 任务分析

闹钟程序的界面需要展示指针表盘和数字时间，可以添加、修改和删除闹钟，展示闹钟列表并可打开和关闭单个闹钟，其中指针表盘可以用动画来实现。

2. 代码实现

（1）新建项目 project3，在类文件 ClockArea.ets 中实现展示当前时间的效果，其部分代码如下，完整代码参见源程序。

```
//ClockArea.ets
......
@Component
export default struct ClockArea {
  ......
  build() {
    Canvas(this.renderContext)
      .width(this.canvasSize)
      .aspectRatio(CommonConstants.DEFAULT_LAYOUT_WEIGHT)
      .onReady(() => {
        if (this.drawInterval === CommonConstants.DEFAULT_NUMBER_NEGATIVE) {
          this.startDrawTask();
        }
      })
      .onClick(() => {
        this.showClock = !this.showClock;
      })
  }
  //绘制表盘
  ......
  //绘制时针、分针、秒针
  ......
  //绘制完整时间回显
  ......
}
```

（2）在类文件 MainViewModel.ets 中实现展示闹钟列表的效果，其部分代码如下，完整代码参见源程序。

```
//MainViewModel.ets
......
export default class MainViewModel {
```

```
......
    public queryAlarmsTasker(callback: (alarms: Array<AlarmItem>) => void) {
      let that = this;
      that.queryDatabaseAlarms(callback);
      let    preference    =    GlobalContext.getContext().getObject('preference')    as
PreferencesHandler;
      preference.addPreferencesListener({
        onDataChanged() {
          that.queryDatabaseAlarms(callback);
        }
      } as PreferencesListener)
    }
......
  }
```

（3）在页面文件 Index.ets 中整合展示当前时间和展示闹钟列表的效果，并且添加按钮以便点击添加闹钟，其部分代码如下，完整代码参见源程序。

```
//Index.ets
......
@Entry
@Component
struct Index {
  private mainModel: MainModel = MainModel.instant;
  @State alarmItems: Array<AlarmItem> = new Array();
  @State isAuth: boolean = false;
......
  build() {
    Column() {
      ......
      ClockArea() //展示当前时间
      AlarmList({ alarmItems: $alarmItems }) //展示闹钟列表
      Blank()
      Button() { //添加按钮
        Image($r('app.media.ic_add')).objectFit(ImageFit.Fill)
      }
      .backgroundColor($r('app.color.trans_parent'))
      .width(DimensionUtil.getVp($r('app.float.new_alarm_button_size')))
      .height(DimensionUtil.getVp($r('app.float.new_alarm_button_size')))
      .margin({
        bottom: DimensionUtil.getVp($r('app.float.new_alarm_button_margin_vertical')),
        top: DimensionUtil.getVp($r('app.float.new_alarm_button_margin_vertical'))
      })
      .onClick(() => {
        router.pushUrl({ url: 'pages/Detail' });
      })
    }
    .width(CommonConstants.FULL_LENGTH)
    .height(CommonConstants.FULL_LENGTH)
    .backgroundColor($r('app.color.grey_light'))
  }
}
```

（4）将程序入口类文件 EntryAbility.ets 所有内容替换为如下代码，完整代码参见源程序。

```
//EntryAbility.ets
import display from '@ohos.display';
......
import PreferencesHandler from '../class/model/database/PreferencesHandler';
import { GlobalContext } from '../class/common/utils/GlobalContext';
export default class EntryAbility extends UIAbility {
onCreate(want: Want, launchParam: AbilityConstant.LaunchParam): void {
    GlobalContext.getContext().setObject('preference', PreferencesHandler.instance);
    ......
  }
    ......
async onWindowStageCreate(windowStage: window.WindowStage) {
    let globalDisplay: display.Display = display.getDefaultDisplaySync();
    GlobalContext.getContext().setObject('globalDisplay', globalDisplay);
    let preference = GlobalContext.getContext().getObject('preference') as Preferen
cesHandler;
    await preference.configure(this.context.getApplicationContext());
    ......
  }
......
  }
```

3. 运行效果

闹钟程序界面效果如图 3-11 所示。

图 3-11　闹钟程序界面效果

任务 3-2 编写闹钟程序代码

1. 任务分析

闹钟操作界面分为新增闹钟界面和修改闹钟界面，在修改闹钟界面可删除闹钟。另外，还需提供后台代理提醒能力。

2. 代码实现

（1）在类文件 DatePickArea.ets 中设置闹钟时间，以便添加闹钟或者修改闹钟，其部分代码如下，完整代码参见源程序。

```
//DatePickArea.ets
......
@Component
export default struct DatePickArea {
  build() {
    Stack({ alignContent: Alignment.Center }) {
      Row() {
        ForEach(DetailConstant.DAY_DATA, (item: DayDataItem) => {
          TextPicker({ range: item.data, selected: item.delSelect })
            .layoutWeight(CommonConstants.DEFAULT_LAYOUT_WEIGHT)
            .backgroundColor($r('app.color.grey_light'))
            .onChange((value: string, index: number) => {
              item.delSelect = index;
            })
        }, (item: DayDataItem) => JSON.stringify(item))
      }
    }
    .height(DimensionUtil.getVp($r('app.float.date_picker_height')))
    .padding({
      left: DimensionUtil.getVp($r('app.float.date_picker_padding_horizon')),
      right: DimensionUtil.getVp($r('app.float.date_picker_padding_horizon'))
    })
  }
}
```

（2）在类文件 SettingItem.ets 中设置闹钟重复时间、闹钟名称、重复次数和闹铃时长，其部分代码如下，完整代码参见源程序。

```
//SettingItem.ets
......
@Component
export default struct SettingItem {
  ......
  build() {
    Column() {
      ForEach(this.settingInfo, (item: AlarmSettingItem, index: number | undefined) => {
        Divider()
          .visibility(index === 0 ? Visibility.Hidden : Visibility.Visible)
          .opacity($r('app.float.divider_opacity'))
          .color($r('app.color.grey_divider'))
```

```
        .lineCap(LineCapStyle.Round)
        .margin({
          left: DimensionUtil.getVp($r('app.float.setting_item_divider_margin_horizon')),
          right: DimensionUtil.getVp($r('app.float.setting_item_divider_margin_horizon'))
        })
      Row() {
        Text(item.title)
          .fontSize(DimensionUtil.getFp($r('app.float.setting_item_name_font_size')))
          .fontWeight(FontWeight.Regular)
          .fontColor($r('app.color.grey_divider'))
          .layoutWeight(CommonConstants.DEFAULT_LAYOUT_WEIGHT)
        Text(item.content)
          .fontSize(DimensionUtil.getFp($r('app.float.setting_item_content_font_
size')))
          .fontWeight(FontWeight.Normal)
          .fontColor($r('app.color.grey_divider'))
          .opacity($r('app.float.setting_item_content_font_opacity'))
        Image($r('app.media.ic_right'))
          .width(DimensionUtil.getVp($r('app.float.setting_item_image_width')))
          .height(DimensionUtil.getVp($r('app.float.setting_item_image_height')))
          .objectFit(ImageFit.Fill)
          .margin({
            left: DimensionUtil.getVp($r('app.float.setting_item_image_margin_horizon'))
          })
      }
    ......
  }
```

（3）在类文件 ReminderService.ets 中实现系统后台代理提醒能力封装（同时在 module.
json5 中申请 ohos.permission.PUBLISH_AGENT_REMINDER 权限），支持新增、修改、删
除系统闹钟功能，在设置、删除闹钟后同步更新到轻量级数据库并刷新主界面，其部分代码如下，
完整代码参见源程序。

```
//ReminderService.ets
......
export default class ReminderService {
  ......
  public deleteReminder(reminderId: number) {
    reminderAgent.cancelReminder(reminderId);
  }

  private initReminder(item: ReminderItem): reminderAgent.ReminderRequestAlarm {
    return {
      reminderType: item.remindType,
      hour: item.hour,
      minute: item.minute,
      daysOfWeek: item.repeatDays,
      title: item.name,
      ringDuration: item.duration * CommonConstants.DEFAULT_TOTAL_MINUTE,
      snoozeTimes: item.intervalTimes,
```

```
      timeInterval: item.intervalMinute * CommonConstants.DEFAULT_TOTAL_MINUTE,
      actionButton: [
        {
          title: '关闭',
          type: reminderAgent.ActionButtonType.ACTION_BUTTON_TYPE_CLOSE
        },
        {
          title: '稍后提醒',
          type: reminderAgent.ActionButtonType.ACTION_BUTTON_TYPE_SNOOZE
        },
      ],
      wantAgent: {
        pkgName: CommonConstants.BUNDLE_NAME,
        abilityName: CommonConstants.ABILITY_NAME
      },
      notificationId: item.notificationId,
      expiredContent: 'this reminder has expired',
      snoozeContent: 'remind later',
      slotType: notification.SlotType.SOCIAL_COMMUNICATION
    }
  }
}
```

3. 运行效果

将上述文件保存后，引入相关的工具类文件，以及图片、字符串、颜色、布尔值等文件，保存项目，编译后在模拟器上运行效果如图 3-12 所示，闹钟程序成功实现。

(a)

(b)

(c)

项目 3 项目实现
动态效果

图 3-12　闹钟程序运行效果

【小结及提高】

本项目设计了简单的闹钟程序。通过学习本项目，读者能够掌握常用的动画、常见的公共事件和通知，能够熟练应用动画、公共事件和通知来解决实际问题。本项目实用性很强，还可以进一步拓展，如添加秒表、计时器等。

作为一名劳动者，特别是数字劳动者，应注意以下职业道德规范：在处理用户信息时，应严格遵守相关法律法规，确保用户信息的安全和隐私权益；应尊重他人的知识产权，不得盗用、篡改或非法使用他人的作品、技术或创意；应不断提升自己的技能和知识水平，适应行业的变化和要求；应积极履行社会责任，关注环境保护、公益慈善等社会活动。

【项目实训】

1. 实训要求

使用通知和基础组件实现下载文件时发送通知的功能。

2. 步骤提示

发送通知可以这样做：导入通知模块，查询系统是否支持进度条模板；获取点击通知拉起应用时需要的 Want 信息；构造进度条模板对象，并发布通知。

文件下载共有 4 种状态，分别为初始化、下载中、暂停下载、下载完成。主要实现以下功能。

（1）在初始化状态下，点击下载，启动 Interval 定时器，持续发送通知。

（2）在下载中，点击暂停，清除定时器，发送一次通知，显示当前进度。

（3）在暂停下载时，点击继续，重新启动定时器，重复步骤（2）。

（4）下载完成后清除定时器。

进度条通知效果如图 3-13 所示。

图 3-13　进度条通知效果

【习题】

一、填空题

1. 动画可按基础能力分为_____、_____、_____3种。另外，_____是一种特殊的动画，不能简单地划入属性动画或者显式动画。

2. 属性动画支持的属性包括_____、_____、_____、_____、_____、_____、_____等。

3. _____可以用于实现较为复杂的动画。

4. 公共事件从系统角度可分为_____和_____两种。

5. 鸿蒙系统通过_____对通知类型的消息进行管理，支持多种通知类型，如_____、_____。

二、编程题

1. 编写一个闹钟程序。

2. 编写一个进度条通知。

3. 编写一个订阅、退订 Wi-Fi 连接状态事件和电池充电状态事件的程序，实现订阅、退订系统公共事件。

项目4
设计验证码登录程序

04

【项目导入】

云林科技为了加强本公司的信息安全管理，将上线一款可以独立使用的在线管理程序，因此需为此程序开发一个验证码登录程序。公司经理把这个任务交给技术部的何工程师，并提出程序要有美观的界面，可以方便地进行各种操作；要有扩展性，后期可以嵌入公司 App；只需手机就可使用等要求。验证码登录程序界面如图 4-1 所示。

图 4-1　验证码登录程序界面

【项目分析】

完成本项目需要用到应用主窗口、应用子窗口、沉浸式窗口及前面介绍的公共事件等知识。

【知识目标】

- 了解窗口的分类。
- 掌握应用主窗口和应用子窗口。
- 了解窗口模块的用途。
- 掌握沉浸式窗口的设置与应用。

【能力目标】

- 能够熟练使用应用主窗口和应用子窗口。
- 能够综合使用沉浸式窗口、应用主窗口、应用子窗口等解决问题。
- 能够熟练使用沉浸式窗口。

【素养目标】

树立正确的劳动观，崇尚劳动、尊重劳动。

【知识储备】

4.1 窗口开发概述

在同一块屏幕上，窗口模块提供了多个应用界面显示、交互的机制。对应用开发者而言，窗口模块提供了界面显示和交互能力。对终端用户而言，窗口模块提供了控制应用界面的方式。对操作系统而言，窗口模块提供了不同应用界面的组织管理逻辑。

4.1.1 窗口分类

窗口可分为系统窗口和应用窗口两种基本类型。

1. 系统窗口

系统窗口指完成系统特定功能的窗口，如音量条、壁纸、通知栏、状态栏、导航栏等。

2. 应用窗口

应用窗口区别于系统窗口，指与应用显示相关的窗口。

根据显示内容的不同，应用窗口又分为应用主窗口、应用子窗口两种类型。

（1）应用主窗口

应用主窗口用于显示应用界面，会在"任务管理界面"显示。

（2）应用子窗口

应用子窗口用于显示应用的弹窗、悬浮窗等辅助窗口，不会在"任务管理界面"显示。应用子窗口的生命周期跟随应用主窗口。

4.1.2 窗口模块用途

窗口模块主要有以下用途。

1. 提供应用和系统界面的窗口对象

应用开发者通过窗口加载 UI，实现界面显示功能。

2. 组织不同窗口的显示关系（维护不同窗口的叠加层次和位置属性）

应用和系统的窗口具有多种类型，不同类型的窗口具有不同的默认位置和叠加层次（z 轴高度）。同时，用户操作也可以在一定范围内对窗口的位置和叠加层次进行调整。

3. 提供窗口动效

在窗口显示、隐藏及切换时，窗口模块通常会添加动画效果，以使各个交互过程更加连贯、流畅。在鸿蒙系统中，应用窗口的动效为默认行为，不需要开发者进行设置或者修改。

4. 指导输入事件分发

窗口模块可以根据当前窗口的状态或焦点进行事件的分发。触摸事件和鼠标事件根据窗口的位置和尺寸进行分发，而键盘事件会被分发至焦点窗口。应用开发者可以通过窗口模块提供的接口设置窗口是否可以触摸和是否可以获焦。

当前窗口的实现和开发与应用开发模型相关联，不同模型下的接口功能略有区别。当前应用开发模型分为 FA（Feature Ability）模型和 Stage 模型。

FA 模型是鸿蒙系统早期版本支持的模型，已经不再主推。

Stage 模型是鸿蒙系统 3.1 开发者预览版新增的模型，是目前主推的模型。

Stage 模型之所以成为主推模型，是因为其设计基于以下思想。

（1）Stage 模型为复杂应用而设计。

（2）Stage 模型支持多设备和多窗口形态。

（3）Stage 模型平衡了应用能力和系统管控成本。

窗口存在大小限制。

（1）宽度范围为[320, 2560]，单位为 vp。

（2）高度范围为[240, 2560]，单位为 vp。

4.2　窗口管理

窗口管理主要提供一些基础能力，包括对当前窗口的创建、销毁、属性设置，以及对各窗口的管理调度。

窗口管理的典型场景有设置应用主窗口、设置应用子窗口、设置沉浸式窗口、设置悬浮窗等。

4.2.1　设置应用主窗口

应用主窗口由 UIAbility 创建与维护。在 UIAbility 的 onWindowStageCreate 回调中，通过 WindowStage 获取应用主窗口，可对其进行属性设置等操作。也可以在应用配置文件中设置应用主窗口的属性，如窗口模式、是否可触、最大窗口宽度（maxWindowWidth）、最大窗口高度（maxWindowHeight）等。

【例 4-1】设置应用主窗口示例。

实现此示例的思路：可按获取应用主窗口、设置应用主窗口属性、加载对应的目标页面和修改应用主窗口加载的信息等步骤来实现。

实现步骤如下。

（1）新建项目

新建项目 test4。

（2）获取应用主窗口

在文件 EntryAbility.ets 中通过 getMainWindow 接口获取应用主窗口。

（3）设置应用主窗口属性

在文件 EntryAbility.ets 中设置应用主窗口的背景色、亮度、是否可触等多个属性。

（4）为应用主窗口加载对应的目标页面

在文件 EntryAbility.ets 中通过 loadContent()接口加载应用主窗口的目标页面。

```typescript
//EntryAbility.ets
import { UIAbility } from '@kit.AbilityKit';
import { window } from '@kit.ArkUI';
import { BusinessError } from '@kit.BasicServicesKit';
export default class EntryAbility extends UIAbility {
  onWindowStageCreate(windowStage : window.WindowStage) : void {
    //获取应用主窗口
    let windowClass window.Window | null = null;
    windowStage.getMainWindow((err: BusinessError, data) => {
      let errCode: number = err.code;
      if (errCode) {
        console.error('无法获取主窗口。原因: ' + JSON.stringify(err));
        return;
      }
      windowClass = data;
      console.info('成功获取主窗口。数据: ' + JSON.stringify(data));
      //设置主窗口属性: 这里已设置"是否可触"属性
      let isTouchable: boolean = true;
      windowClass.setWindowTouchable(isTouchable, (err: BusinessError) => {
        let errCode: number = err.code;
        if (err.code) {
          console.error('未能将窗口设置为可触摸。原因: ' + JSON.stringify(err));
          return;
        }
        console.info('已成功将窗口设置为可触摸。');
      })
    })
    //为应用主窗口加载对应的目标页面
    windowStage.loadContent("pages/Index", (err) => {
      if (err.code) {
        console.error('未能加载内容。原因: ' + JSON.stringify(err));
        return;
      }
      console.info('已成功加载内容。');
    });
  }
}
```

（5）修改应用主窗口加载的信息

将文件 Index.ets 中的"Hello World"改为"应用主窗口"。

```typescript
//Index.ets
```

```
@Entry
@Component
struct Index {
  @State message: string = '应用主窗口'
build() {
    RelativeContainer() {
      Text(this.message)
        .id('HelloWorld')
        .fontSize(50)
        .fontWeight(FontWeight.Bold)
        .alignRules({
          center: { anchor: '__container__', align: VerticalAlign.Center },
          middle: { anchor: '__container__', align: HorizontalAlign.Center }
        })
    }
    .height('100%')
    .width('100%')
  }
}
```

（6）运行测试

先启动模拟器，再运行项目，效果如图 4-2 所示。

4.2.2 设置应用子窗口

应用子窗口（如弹窗、验证码等）可以按需创建，并对其进行属性设置等操作。

【例 4-2】设置应用子窗口示例。

实现此示例的思路：可按创建应用子窗口、设置应用子窗口属性、加载显示应用子窗口的具体内容和修改应用主窗口加载的信息等步骤来实现。

实现步骤如下。

（1）新建项目

新建项目 test4b，在 EntryAbility.ets 类文件中加载默认页面文件 Index.ets 时传递 windowStage 对象，其代码如下（省略的都是原有的代码）。

图 4-2　应用主窗口效果

```
......
export default class EntryAbility extends UIAbility {
  ......
  onWindowStageCreate(windowStage: window.WindowStage): void {
    ......
    windowStage.loadContent('pages/Index', (err, data) => {
      ......
    });
    //给 Index 页面传递 windowStage
    AppStorage.setOrCreate('windowStage', windowStage);// "set" 只可小写
  }
  ......
}
```

（2）创建应用子窗口

在文件 Index.ets 中通过 createSubWindow()接口创建应用子窗口。

（3）设置应用子窗口属性

在文件 Index.ets 中设置应用子窗口的大小、位置等，还可以根据应用需要设置窗口背景色、亮度等属性。

（4）加载显示应用子窗口的具体内容

在文件 Index.ets 中通过 setUIContent()和 showWindow()接口加载应用子窗口的具体内容。若不再需要某些应用子窗口时，可根据具体实现逻辑，在文件 Index.ets 中使用 destroyWindow()接口销毁应用子窗口。

（5）修改应用主窗口加载的信息

将文件 Index.ets 中的全部代码换成如下代码。

```
import window from '@ohos.window';
let windowStage_: window.WindowStage | undefined = undefined;
let sub_windowClass: window.Window | undefined = undefined;
@Entry
@Component
struct Index {
  @State message: string = '应用主窗口'
  showSubWindow() {
    //创建应用子窗口
    windowStage_.createSubWindow("mySubWindow", (err, data) => {
      if (err.code) {
        console.error('创建子窗口失败。原因: ' + JSON.stringify(err));
        return;
      }
      sub_windowClass = data;
      console.info('已成功创建子窗口。数据: ' + JSON.stringify(data));
      //应用子窗口创建成功后，设置子窗口的位置、大小及相关属性
      sub_windowClass.moveWindowTo(100, 200, (err) => {
        if (err.code) {
          console.error('移动窗口失败。原因: ' + JSON.stringify(err));
          return;
        }
        console.info('成功移动窗口。');
      });
      sub_windowClass.resize(880, 600, (err) => {
        if (err.code) {
          console.error('无法更改窗口大小。原因: ' + JSON.stringify(err));
          return;
        }
        console.info('已成功更改窗口大小。');
      });
      //为应用子窗口加载对应的目标页面
      sub_windowClass.setUIContent("pages/Index2", (err) => {
        if (err.code) {
          console.error('未能加载内容。原因: ' + JSON.stringify(err));
          return;
```

```
      }
      console.info('已成功加载内容。');
      //显示应用子窗口
      sub_windowClass.showWindow((err) => {
        if (err.code) {
          console.error('未能显示窗口。原因: ' + JSON.stringify(err));
          return;
        }
        console.info('成功显示窗口。');
      });
    });
  })
}

destroySubWindow() {
  //销毁应用子窗口。当不再需要应用子窗口时，可根据具体实现逻辑，使用 destroyWindow()接口销毁
应用子窗口
  (sub_windowClass as window.Window).destroyWindow ((err) => {
    if (err.code) {
      console.error('销毁窗口失败。原因: ' + JSON.stringify(err));
      return;
    }
    console.info('成功地销毁窗口。');
  });
}
build() {
  Row() {
    Column() {
      Text(this.message)
        .fontSize(50)
        .fontWeight(FontWeight.Bold)
      Button('打开子窗口', { type: ButtonType.Normal, stateEffect: true })
        .borderRadius(8)
        .fontSize(30)
        .backgroundColor(0xff0000)
        .width(200)
        .height(50)
        .margin(20)
        .onClick(() => {
          windowStage_ = AppStorage.Get('windowStage');
          this.showSubWindow();      //创建应用子窗口
        })
      Button('关闭应用子窗口', { type: ButtonType.Normal, stateEffect: true })
        .borderRadius(8)
        .fontSize(30)
        .backgroundColor(0xff0000)
        .width(200)
        .height(50)
        .margin(20)
        .onClick(() => {
          windowStage_ = AppStorage.Get('windowStage');
```

```
            this.destroySubWindow();      //关闭应用子窗口
        })
    }
    .width('100%')
  }
  .height('100%').backgroundColor('#33FFFF')
  }
}
```

（6）为应用子窗口的具体内容新建文件

新建页面文件 Index2.ets，并将其全部内容替换为如下代码。

```
//Index2.ets
@Entry
@Component
struct Index2 {
  @State message: string = '应用子窗口'
  build() {
    Row() {
      Column() {
        Text(this.message)
          .fontSize(50)
          .fontWeight(FontWeight.Bold)
      }
      .width('100%')
    }
    .height('100%').backgroundColor('#FFCCFF')
  }
}
```

（7）添加路由信息

将文件 main_pages.json 中的内容修改为如下代码。

```
{
  "src": [
    "pages/Index",
    "pages/Index2"
  ]
}
```

（8）运行测试

先启动模拟器，再运行项目，效果如图 4-3 所示。

4.2.3　设置沉浸式窗口

沉浸式窗口可以隐藏状态栏、导航栏等不必要的系统窗口，从而提供更佳的沉浸式体验。

【例 4-3】设置沉浸式窗口示例。

实现此示例的思路：可按获取应用主窗口、实现沉浸式效果、加载沉浸式窗口的目标页面和修改沉浸式窗口加载的信息等步骤来实现。

实现步骤如下。

图 4-3　应用子窗口效果

图 4-3 动态效果

（1）新建项目

新建项目 test4c。

（2）获取应用主窗口

在文件 EntryAbility.ets 中通过 getMainWindow()接口获取应用主窗口。

（3）实现沉浸式效果

在文件 EntryAbility.ets 中调用 setWindowSystemBarEnable()接口，设置导航栏、状态栏不显示，从而实现沉浸式效果。

（4）加载沉浸式窗口的目标页面

在文件 EntryAbility.ets 中通过 loadContent()接口加载显示沉浸式窗口的目标页面。

注意：下面省略的代码都是文件 EntryAbility.ets 原有的代码。

```
//EntryAbility.ets
......
import { BusinessError } from '@kit.BasicServicesKit';
export default class EntryAbility extends UIAbility {
  ......
  onWindowStageCreate(windowStage: window.WindowStage): void {
    ......
    //获取应用主窗口
    let windowClass: window.Window | null = null;
    windowStage.getMainWindow((err, data) => {
      if (err.code) {
        console.error('无法获取主窗口。原因: ' + JSON.stringify(err));
        return;
      }
      windowClass = data;
      console.info('成功获取主窗口。数据: ' + JSON.stringify(data));
      //实现沉浸式效果: 设置导航栏、状态栏不显示
      let names: Array<'status' | 'navigation'> = [];
      windowClass.setWindowSystemBarEnable(names).then(() => {
        console.info('已成功将系统栏设置为可见。');
      }).catch((err: BusinessError) => {
        console.error('未能将系统栏设置为可见。原因: ' + JSON.stringify(err));
      })
    })
    //为沉浸式窗口加载对应的目标页面
    windowStage.loadContent('pages/Index', (err, data) => {
      ......
    });
  }
  ......
}
```

（5）修改沉浸式窗口加载的信息

将文件 Index.ets 中的"Hello World"改为"沉浸式窗口"。

```
//Index.ets
@Entry
@Component
```

```
struct Index {
  @State message: string = '沉浸式窗口'
  build() {
  RelativeContainer() {
    Text(this.message)
      .id('HelloWorld')
      .fontSize(50)
      .fontWeight(FontWeight.Bold)
      .alignRules({
        center: { anchor: '__container__', align: VerticalAlign.Center },
        middle: { anchor: '__container__', align: HorizontalAlign.Center }
      })
    }
    .height('100%')
    .width('100%')
  }
}
```

（6）运行测试

先启动模拟器，再运行项目，效果如图 4-4 所示。

4.2.4　设置悬浮窗

悬浮窗可以在已有的任务基础上，创建一个始终在前台显示的窗口。即使创建悬浮窗的任务退至后台，悬浮窗仍然可以在前台显示。通常悬浮窗位于所有应用窗口之上。开发者可以创建悬浮窗，并对悬浮窗进行属性设置等操作。

【例 4-4】设置悬浮窗示例。

实现此示例的思路：可按创建悬浮窗、设置悬浮窗的相关属性和修改悬浮窗加载的信息等步骤来实现。

图 4-4　沉浸式窗口效果

实现步骤如下。

（1）新建项目

新建项目 test4d。

（2）申请权限

首先通过应用市场（AppGallery Connect，AGC）申请 ACL 权限，然后在配置文件 module.json5 中声明权限。

```
{
  "module": {
    "name": "entry",
    "type": "entry",
    "description": "$string:module_desc",
    "mainElement": "EntryAbility",
    "deviceTypes": [
      "phone",
      "tablet"
    ],
    "deliveryWithInstall": true,
    "installationFree": false,
```

```
      "pages": "$profile:main_pages",
      "abilities": [
        {
          "name": "EntryAbility",
          "srcEntry": "./ets/entryability/EntryAbility.ets",
          "description": "$string:EntryAbility_desc",
          "icon": "$media:icon",
          "label": "$string:EntryAbility_label",
          "startWindowIcon": "$media:icon",
          "startWindowBackground": "$color:start_window_background",
          "exported": true,
          "skills": [
            {
              "entities": [
                "entity.system.home"
              ],
              "actions": [
                "action.system.home"
              ]
            }
          ]
        }
      ],
      "requestPermissions":[
        {
          "name" : "ohos.permission.SYSTEM_FLOAT_WINDOW",
          "usedScene": {
            "abilities": [
              "EntryAbility"
            ],
            "when":"inuse"
          }
        }
      ]
    }
}
```

（3）创建悬浮窗

在文件 EntryAbility.ets 中通过 window.createWindow()接口创建悬浮窗类型的窗口。

（4）设置悬浮窗的相关属性

在文件 EntryAbility.ets 中设置悬浮窗的大小、位置，以及背景色、亮度等属性。

（5）加载悬浮窗的目标页面

在文件 EntryAbility.ets 中通过 setUIContent()接口加载悬浮窗的目标页面。注意：下面省略的代码都是文件 EntryAbility.ets 原有的代码。

```
......
export default class EntryAbility extends UIAbility {
  ......
  onWindowStageCreate(windowStage: window.WindowStage): void {
    ......
    //创建悬浮窗
```

```
    let windowClass: window.Window | null = null;
    let config: window.Configuration = {name: "floatWindow", windowType:
window.WindowType.TYPE_FLOAT, ctx: this.context};
    window.createWindow(config, (err, data) => {
      if (err.code) {
        console.error('创建悬浮窗失败。原因: ' + JSON. stringify(err));
        return;
      }
      console.info('成功创建悬浮窗，数据: ' + JSON.stringify (data));
      windowClass = data;
      //悬浮窗创建成功后，设置悬浮窗的位置、大小及相关属性等
      windowClass.moveWindowTo(300, 300, (err) => {
        if (err.code) {
          console.error('设置悬浮窗的位置失败。原因:' + JSON.stringify(err));
          return;
        }
        console.info('成功设置悬浮窗的位置。');
      });
      windowClass.resize(500, 500, (err) => {
        if (err.code) {
          console.error('设置悬浮窗的大小失败。原因:' + JSON.stringify (err));
          return;
        }
        console.info('成功设置悬浮窗的大小。');
      });
      //为悬浮窗加载对应的目标页面
      windowClass.setUIContent("pages/Index", (err) => {
        if (err.code) {
          console.error('加载目标页面失败。原因:' + JSON.stringify(err));
          return;
        }
        console.info('成功加载目标页面。');
        //显示悬浮窗
        (windowClass as window.Window).showWindow((err) => {
          if (err.code) {
            console.error('显示悬浮窗失败。原因: ' + JSON.stringify(err));
            return;
          }
          console.info('成功显示悬浮窗。');
        });
      });
      /* 销毁悬浮窗。当不再需要悬浮窗时，可根据具体实现逻辑，使用destroy对其进行销毁 */
      windowClass.destroyWindow((err) => {
        if (err.code) {
          console.error('销毁悬浮窗失败。原因: ' + JSON.stringify(err));
          return;
        }
        console.info('成功销毁悬浮窗。');
      });
    });
  }
  ......
```

```
}
```
（6）修改悬浮窗加载的信息

将文件 Index.ets 中的"Hello World"改为"悬浮窗"。

```
@Entry
@Component
struct Index {
  @State message: string = '悬浮窗'
  build() {
    Row() {
      Column() {
        Text(this.message)
          .fontSize(50)
          .fontWeight(FontWeight.Bold)
      }
      .width('100%')
    }
    .height('100%')
  }
}
```

（7）运行测试

先启动模拟器，再运行项目，效果如图 4-5 所示。

【项目实现】设计验证码登录程序

接到任务后，何工程师分析了项目要求，把此项目分成两个任务来实现：制作验证码登录程序的界面和实现验证码登录的功能。同时，规划项目的代码结构如下：

图 4-5 悬浮窗效果

```
├──entry/src/main/ets              //代码区
│  ├──class
│  │  ├──common
│  │  │  ├──constants
│  │  │  │  └──CommonConstants.ets  //公共常量类
│  │  │  └──utils
│  │  │     ├──GlobalContext.ets    //全局上下文
│  │  │     └──Logger.ets           //公共日志类
│  │  ├──model
│  │  │  └──WindowModel.ets         //应用后端数据管理类
│  │  └──viewmodel
│  │     ├──GridItem.ets            //首页网格数据实体类
│  │     ├──VerifyItem.ets          //验证码数据实体类
│  │     └──WindowViewModel.ets     //应用界面数据管理类
│  ├──entryability
│  │  └──EntryAbility.ets           //程序入口类
│  ├──entrybackupability
│  │  └──EntryBackupAbility.ets     //程序备份入口类
```

```
|      ├──pages
|      |      ├──────HomePage.ets                    //登录之后的首页
|      |      ├──────LoginPage.ets                   //登录页面
|      |      ├──────SuccessPage.ets                 //验证码校验成功页面
|      |      └──────VerifyPage.ets                  //输入验证码页面
└──────entry/src/main/resources                     //资源文件目录
       ├──────base/element                           //元素资源
       |      ├──────color.json                      //颜色数据
       |      ├──────float.json                      //浮点型数据
       |      └──────string.json                     //字符串数据
       └──────base/media                             //图片资源
```

任务 4-1 制作验证码登录程序的界面

1. 任务分析

验证码登录程序的界面需要用户输入用户名和密码，然后展示验证码并要求用户输入，其中验证码以图片形式呈现，并且可以动态更换。

2. 代码实现

（1）新建项目 project4，在类文件 WindowModel.ets 中实现登录主窗口，其部分代码如下，完整代码参见源程序。

```
//WindowModel.ets
import display from '@ohos.display';
import window from '@ohos.window';
import CommonConstants from '../common/constants/CommonConstants';
import Logger from '../common/utils/Logger';
import { GlobalContext } from '../common/utils/GlobalContext';
import { BusinessError } from '@kit.BasicServicesKit';
//窗口控制模型
export default class WindowModel {
  private windowStage?: window.WindowStage;
  private subWindowClass?: window.Window;
......
//设置登录主窗口
  setMainWindowImmersive() {
    if (this.windowStage === undefined) {
      Logger.error('windowsStage 未定义。');
      return;
    }
    //获取主窗口实例
    this.windowStage.getMainWindow((err, windowClass: window.Window) => {
      if (err.code) {
        Logger.error(`无法获取主窗口。代码: ${err.code}, message:${err.message}`);
        return;
      }
    ......
  }
```

（2）在类文件 WindowModel.ets 中实现验证码校验子窗口，其部分代码如下，完整代码参见源程序。

```
//WindowModel.ets
……
//窗口控制模型
export default class WindowModel {
  private windowStage?: window.WindowStage;
  private subWindowClass?: window.Window;
……
//创建子窗口
  createSubWindow() {
    if (this.windowStage === undefined) {
      Logger.error('创建子窗口失败。');
      return;
    }
    //创建子窗口
    this.windowStage.createSubWindow(CommonConstants.SUB_WINDOW_NAME, (err, data:
window.Window) => {
      if (err.code) {
        Logger.error('创建子窗口失败。代码: ${err.code}, 消息: ${err.message}');
        return;
      }
      //获取子窗口实例
      this.subWindowClass = data;
      //获取屏幕宽度与高度
      let screenWidth = display.getDefaultDisplaySync().width;
      let screenHeight = display.getDefaultDisplaySync().height;
      //根据子窗口宽高比计算子窗口宽度与高度
      let windowWidth = screenWidth * CommonConstants.SUB_WINDOW_WIDTH_RATIO;
      let windowHeight = windowWidth / CommonConstants.SUB_WINDOW_ASPECT_RATIO;
      //计算子窗口起始坐标
      let moveX = (screenWidth - windowWidth) / 2;
      let moveY = screenHeight - windowHeight;
      //将子窗口移动到起始坐标处
      this.subWindowClass.moveWindowTo(moveX, moveY, (err) => {
        if (err.code) {
          Logger.error('移动窗口失败。代码: ${err.code}, 消息: ${err.message}');
          return;
        }
      });
      //设置子窗口的宽度与高度
      this.subWindowClass.resize(windowWidth, windowHeight, (err) => {
        if (err.code) {
          Logger.error('无法更改窗口大小。代码: ${err.code}, 消息: ${err.message}');
          return;
        }
      });
    ……
  }
```

（3）在页面文件 LoginPage.ets 中调用子窗口，其部分代码如下，完整代码参见源程序。

```
//LoginPage.ets
import router from '@ohos.router';
import CommonConstants from '../class/common/constants/CommonConstants';
import Logger from '../class/common/utils/Logger';
import WindowModel from '../class/model/WindowModel';
@Extend(TextInput)
function inputStyle() {
  .placeholderColor($r('app.color.placeholder_color'))
  .backgroundColor(($r('app.color.start_window_background')))
  .height($r('app.float.login_input_height'))
  .fontSize($r('app.float.big_text_size'))
  .padding({
    left: $r('app.float.input_padding'),
    right: $r('app.float.input_padding')
  })
}
@Extend(Text)
function blueTextStyle() {
  .fontColor($r('app.color.login_blue_text_color'))
  .fontSize($r('app.float.small_text_size'))
  .fontWeight(FontWeight.Medium)
  .margin({
    left: $r('app.float.forgot_margin'),
    right: $r('app.float.forgot_margin')
  })
}
//登录页面
@Entry
@Component
struct LoginPage {
  @State account: string = '';
  @State password: string = '';
  @State isShadow: boolean = false;
  private windowModel: WindowModel = WindowModel.getInstance();
  ......
  build() {
    Stack({ alignContent: Alignment.Top }) {
      Column() {
        Image($r('app.media.ic_logo'))
          .width($r('app.float.logo_image_size'))
          .height($r('app.float.logo_image_size'))
          .margin({
            top: $r('app.float.logo_margin_top'),
            bottom: $r('app.float.logo_margin_bottom')
          })
        Text($r('app.string.login_page'))
          .fontSize($r('app.float.page_title_text_size'))
          .fontWeight(FontWeight.Medium)
          .fontColor($r('app.color.title_text_color'))
        Text($r('app.string.login_more'))
```

```
        .fontSize($r('app.float.normal_text_size'))
        .fontColor($r('app.color.login_more_text_color'))
        .margin({
          bottom: $r('app.float.login_more_margin_bottom'),
          top: $r('app.float.login_more_margin_top')
        })
      ......
```

（4）将程序入口类文件 EntryAbility.ts 的所有内容替换为如下代码（省略的都是原有的内容）。

```
//EntryAbility.ets
......
import CommonConstants from '../class/common/constants/CommonConstants';
import Logger from '../class/common/utils/Logger';
import WindowModel from '../class/model/WindowModel';
export default class EntryAbility extends UIAbility {
  onCreate(want: Want, launchParam: AbilityConstant.LaunchParam): void {
    this.context.getApplicationContext().setColorMode(ConfigurationConstant.Color
Mode.COLOR_MODE_NOT_SET);
    hilog.info(0x0000, 'testTag', '%{public}s', 'Ability onCreate');
  }
  ......
  onWindowStageCreate(windowStage: window.WindowStage): void {
    Logger.info('Ability onWindowStageCreate');
    let windowModel = WindowModel.getInstance();
    windowModel.setWindowStage(windowStage);
    windowModel.setMainWindowImmersive();
    windowStage.loadContent((CommonConstants.LOGIN_PAGE_URL) as string, (err) => {
      if (err.code) {
        Logger.error(`未能加载内容。代码: ${err.code},消息: ${err.message}`);
        return;
      }
      hilog.info(0x0000, 'testTag', '成功加载内容。');
    });
  }
  ......
  }
```

3. 运行效果

验证码登录程序界面效果如图 4-6 所示，接下来根据此界面编写代码以实现相应功能。

任务 4-2   实现验证码登录的功能

1. 任务分析

验证码验证成功后，需要先销毁验证码校验子窗口，然后通知登录主窗口并且跳转到首页。

2. 代码实现

（1）在类文件 WindowModel.ets 中销毁验证码校验子窗口，其部分代码如下，完整代码参见源程序。

图 4-6   验证码登录界面效果

```
//WindowModel.ets
......
//窗口控制模型
export default class WindowModel {
  private windowStage?: window.WindowStage;
  private subWindowClass?: window.Window;
  ......

  //销毁子窗口
  destroySubWindow() {
    if (this.subWindowClass === undefined) {
      Logger.error('subWindowClass 未定义。');
      return;
    }
    this.subWindowClass.destroyWindow((err) => {
      if (err.code) {
        Logger.error(`未能销毁子窗口。代码: ${err.code}, 消息: ${err.message}`);
        return;
      }
    });
  }
}
```

（2）在页面文件 LoginPage.ets 中定义公共事件，其部分代码如下，完整代码参见源程序。

```
//LoginPage.ets
......
//登录页面
@Entry
@Component
struct LoginPage {
  @State account: string = '';
  @State password: string = '';
  @State isShadow: boolean = false;
  private windowModel: WindowModel = WindowModel.getInstance();
  aboutToAppear() {
//定义公共事件
    getContext(this).eventHub.on((CommonConstants.HOME_PAGE_ACTION) as string, () =>
{
      router.replaceUrl({
        url: (CommonConstants.HOME_PAGE_URL) as string
      }).catch((err: Error) => {
        Logger.error('推送页面失败, 消息: ${err.message}');
      });
    });
......
  }
```

（3）在页面文件 SuccessPage.ets 中将子窗口销毁，并通过 eventHub 的 emit()方法触发公共事件，跳转到首页，其部分代码如下，完整代码参见源程序。

```
//SuccessPage.ets
......
//打开子窗口实现验证码的校验
```

```
@Entry
@Component
struct SuccessPage {
  aboutToAppear() {
    setTimeout(() => {
    //销毁子窗口
    WindowModel.getInstance().destroySubWindow();
    //触发公共事件，跳转到首页
  getContext(this).eventHub.emit((CommonConstants.HOME_PAGE_ACTION) as string);
    }, CommonConstants.LOGIN_WAIT_TIME);
  }
......
}
```

3. 运行效果

将上述文件保存并引入相关的工具类文件，以及图片、字符串、颜色、布尔值等文件，保存项目，编译后在真机（远程模拟器、远程真机、模拟器或者本地真机）上运行，效果如图 4-7 所示，验证码登录程序成功实现。

【小结及提高】

本项目设计了简单的验证码登录程序。通过学习本项目，读者能够掌握常用的应用主窗口、应用子窗口、沉浸式窗口的设置，能够熟练地结合前面介绍的公共事件和通知来解决实际问题。本项目实用性很强，还可以进一步拓展，如动态生成验证图片、实现点击验证等。

图 4-7　验证码登录程序运行效果

数字劳动者的劳动观体现了对劳动的本质与价值、劳动者的个人发展和社会进步等方面的深刻认识。随着数字经济的不断发展和数字劳动者的不断增加，数字劳动者的劳动观将对社会产生更加深远的影响。应该进一步加强对数字劳动者的培养和引导，提升劳动者的数字技能和创新能力，为数字经济的发展注入更多的活力和动力；也应该关注数字劳动者的权益保障和职业发展问题，为他们提供更好的工作环境和发展机会，推动数字经济的健康可持续发展。

【项目实训】

1. 实训要求

使用 XComponent 和基础组件，实现可媲美悬浮窗的画中画。

2. 步骤提示

可媲美悬浮窗的画中画，可以拆分为 4 个关键操作。

（1）创建画中画控制器，注册生命周期事件以及控制事件回调

通过 create(config: PiPConfiguration)接口创建画中画控制器实例。通过画中画控制器实例的 setAutoStartEnabled 接口设置是否需要在应用返回桌面时自动启动画中画；通过画中画控

制器实例的 on('stateChange')接口注册生命周期事件回调；通过画中画控制器实例的 on('controlPanelActionEvent')接口注册控制事件回调。

（2）启动画中画

创建画中画控制器实例后，通过 startPiP 接口启动画中画。

（3）更新视频尺寸

画中画视频更新后（如切换视频），通过画中画控制器实例的 updateContentSize 接口更新视频尺寸信息，以调整画中画窗口比例。

（4）关闭画中画

当不再需要显示画中画时，可根据业务需要，通过画中画控制器实例的 stopPiP 接口关闭画中画。

效果类似于图 4-8 所示。

图 4-8　可拖曳的画中画

【习题】

一、填空题

1. 窗口可分为_____、_____两种基本类型。

2. 窗口模块的主要用途有_____、_____、_____、_____等。

3. Stage 模型之所以成为主推模型，是因为它_____、_____、_____。

4. 窗口管理的典型场景有_____、_____、_____、_____。

5. 子窗口销毁时可以通过_____触发公共事件。

二、编程题

1. 编程实现验证码登录程序。

2. 编程实现可拖曳的悬浮窗。

项目5
设计视频播放器

05

【项目导入】

云林科技为了增强公司宣传效果，将上线一款可以独立使用的视频播放程序，因此需开发一个视频播放器，公司经理把这个任务交给了技术部的路工程师，并提出视频播放器要有美观的界面，可以方便地进行各种操作；要有扩展性，后期可以嵌入公司 App；只需手机就可使用等要求。视频播放器界面如图 5-1 所示。

图 5-1　视频播放器界面

【项目分析】

完成本项目需要用到音频开发、图片开发、视频开发等知识。

【知识目标】
- 了解音频开发。
- 掌握图片开发的相关技巧。

- 了解图片开发。
- 掌握视频开发的相关技巧。

【能力目标】
- 能够熟练使用音频开发技巧。
- 能够综合使用视频开发、音频开发及图片开发等来解决问题。

- 能够熟练使用图片开发技巧。

【素养目标】
具有自主学习和终身学习的意识和能力。

【知识储备】

5.1 音频开发

音频模块主要提供音量管理、音频路由管理、混音管理接口与服务。

5.1.1 音频开发概述

音频开发涉及音频播放、音频录制、音频通话，以及音量管理、设备管理等多个方面。它涉及以下关键概念。

音频量化过程是音频信号从模拟信号转换为数字信号的过程，包括采样、量化和编码。这是音频处理的基础，涉及采样率、声道、采样格式、位宽、码率等概念。

- 采样率也称采样频率或者采样速度，定义了单位时间内从连续信号中提取并组成离散信号的采样个数，通常用赫兹（Hertz，Hz）来表示。
- 声道是指声音在录制或播放时在不同空间位置采集或回放的相互独立的音频信号，所以声道数也就是声音录制时的音源数量或回放时相应的扬声器数量。
- 采样格式是指音频数据在数字化后的表示方式，包括数据的位宽、符号性（有符号或无符号），以及字节序（大端或小端）等。采样格式会影响音频数据的精度、存储空间和处理效率。鸿蒙系统支持的采样格式有U8（无符号的8位整数）、S16LE（带符号的16位整数，小尾数）、S24LE（带符号的24位整数，小尾数）等。
- 位宽是一次能传递的数据宽度。
- 码率也称比特率，是指单位时间内传输或处理的比特的数量，单位为比特每秒（bits-per-second，bit/s）。

音频流是音频系统中对具备音频格式和音频使用场景信息的独立音频数据处理单元的定义，可以表示播放，也可以表示录制，并且具备独立音量调节和音频设备路由切换能力。

AudioStreamInfo是鸿蒙系统中用于描述音频流信息的类，主要用于设置音频流的采样率、编码格式、声道数等。

5.1.2 音频开发步骤

音频开发主要包括音频播放开发、音频录制开发、音频通话开发等。

1. 音频播放开发

在鸿蒙系统中，多种 API 都提供了对音频播放开发的支持，不同的 API 适用于不同的音频数据格式、音频资源来源、音频使用场景，甚至是不同开发语言。因此，选择合适的音频播放 API 有助于减少开发工作量，实现更佳的音频播放效果。

（1）AVPlayer

AVPlayer 是功能较完善的音频、视频播放 ArkTS/JavaScript API，集成了流媒体和本地资源解析、媒体资源解封装、音频解码和音频输出功能，可用于直接播放动态影像专家压缩标准音频层面 3（Moving Picture Experts Group Audio Layer III，mp3）、运动图像专家组第 4 层音频（Moving Picture Experts Group Layer IV Audio，M4A）等格式的音频文件，不支持直接播放脉冲编码调制（Pulse Code Modulation，PCM）格式的文件。

（2）AudioRenderer

AudioRenderer 是用于音频输出的 ArkTS/ JavaScript API，仅支持 PCM 格式，需要应用持续写入音频数据进行工作。应用可以在输入前进行数据预处理，如设定音频文件的采样率、位宽等，要求开发者具备音频处理的基础知识，适用于更专业、更多样化的音频播放应用开发。

（3）OpenSL ES

OpenSL ES 是一套跨平台、标准化的音频原生 API（Native API），提供音频输出能力，仅支持 PCM 格式，适用于从其他嵌入式平台移植，或依赖在 Native 层实现音频输出功能的播放应用使用。

【例 5-1】音频播放示例，播放一段音频并显示播放进度。

实现此示例的思路：使用 AVPlayer 来完成即可。

新建项目 test5，将音频文件 test.m4a 复制到目录 rawfile 下；将页面文件 Index.ets 的代码替换成如下代码。

```
//Index.ets
import { media } from '@kit.MediaKit';
import { common } from '@kit.AbilityKit';
import { audio } from '@kit.AudioKit';
@Entry
@Component
struct Index {
  @State message: string = '准备播放'
  private avPlayer: media.AVPlayer | null = null;
  private count: number = 1;
  setAVPlayerCallback(avPlayer: media.AVPlayer) {//注册 avplayer 回调函数
    avPlayer.on('durationUpdate', (duration) => {
      this.count=duration;
    })
    avPlayer.on('timeUpdate', (time:number) => {
      this.message='进度 :'+(((time/this.count)*100).toFixed(3))+'%\n 当前 :'+time.
```

```
toString()+'\n 时长:'+this.count.toString();
    })
    avPlayer.on('error', (err) => {//error 回调监听函数
      this.message='调用 avPlayer 失败, 代码: '+err.code+', 信息: '+err.message;
      avPlayer.reset(); //调用 reset 重置资源, 触发 idle 状态
    })
    //状态机变化回调函数
    avPlayer.on('stateChange',async (state: string,reason: media.StateChangeReason) =>
  {
      switch (state) {
        case 'idle': //成功调用 reset 接口后触发该状态机上报
          this.message='播放器状态空闲';
          avPlayer.release(); //销毁实例对象
          break;
        case 'initialized': //设置播放源后触发该状态上报
          this.message='播放器已初始化';
          avPlayer.audioRendererInfo = {
            usage: audio.StreamUsage.STREAM_USAGE_MUSIC,
            rendererFlags: 0
          };
          avPlayer.prepare();
          break;
        case 'prepared': //prepare 调用成功后上报该状态机
          this.message='播放器已准备好';
          avPlayer.play(); //调用播放接口开始播放
          break;
        case 'playing': //play 成功调用后触发该状态机上报
          this.message='播放器正在播放';
          break;
        case 'paused': //pause 成功调用后触发该状态机上报
          this.message='暂停播放\n'+this.message;
          break;
        case 'completed': //播放结束后触发该状态机上报
          this.message='播放已完成';
          avPlayer.stop(); //调用播放结束接口
          break;
        case 'stopped': //stop 接口成功调用后触发该状态机上报
          this.message='播放停止';
          avPlayer.reset(); //调用 reset 接口初始化 avPlayer 状态
          break;
        case 'released':
          this.message='播放器已释放';
          break;
        default:
          this.message='播放器状态未知';
          break;
      }
    })
  }
  async avPlayerFdSrc() {//音频播放主函数
```

```
        this.avPlayer = await media.createAVPlayer();//创建 avPlayer 实例对象
        this.setAVPlayerCallback(this.avPlayer);//创建状态机变化回调函数
        let context = getContext(this) as common.UIAbilityContext;//获取当前上下文
        let fileDescriptor = await context.resourceManager.getRawFd('test.m4a');//获取
rawfile 里的资源
        this.count=fileDescriptor.length;
        this.avPlayer.fdSrc = fileDescriptor;//为 fdSrc 赋值触发 initialized 状态机上报
    }
    build() {
      Row() {
        Column() {
          Button('播放音频').fontSize(50).backgroundColor(Color.Blue)
            .padding(20).margin(10)
            .onClick(()=>{ this.avPlayerFdSrc(); })
          Button('暂停播放').fontSize(50).backgroundColor(Color.Blue)
            .padding(20).margin(10)
            .onClick(()=>{ this.avPlayer?.pause(); })
          Button('继续播放').fontSize(50).backgroundColor(Color.Blue)
            .padding(20).margin(10)
            .onClick(()=>{ this.avPlayer?.play(); })
          Button('停止播放').fontSize(50).backgroundColor(Color.Blue)
            .padding(20).margin(10)
            .onClick(()=>{ this.avPlayer?.stop(); })
          Text(this.message).fontSize(50).fontWeight(FontWeight.Bold)
        }.width('100%')
      }
    }
}
```

启动模拟器，编译并运行项目，效果如图 5-2 所示。

2. 音频录制开发

在鸿蒙系统中，多种 API 都提供了对音频录制开发的支持，不同的 API 适用于不同的录音输出格式、音频使用场景或不同开发语言。因此，选择合适的音频录制 API 有助于减少开发工作量，实现更佳的音频录制效果。

例 5-1 动态效果

图 5-2　音频播放效果

（1）AVRecorder

AVRecorder 是功能较完善的音频、视频录制 ArkTS/JavaScript API，集成了音频输入录制、音频编码和媒体封装的功能。开发者可以直接调用设备硬件（如麦克风）录音，并生成 M4A 格式的音频文件。

（2）AudioCapturer

AudioCapturer 是用于音频输入的 ArkTS/ JavaScript API，仅支持 PCM 格式，需要应用持续读取音频数据进行工作。应用可以在音频输出后进行数据处理，要求开发者具备音频处理的基础知识，适用于更专业、更多样化的音频录制应用开发。

（3）OpenSL ES

OpenSL ES 同样提供音频输入能力，仅支持 PCM 格式，适用于从其他嵌入式平台移植，或依赖在 Native 层实现音频输入功能的录音应用使用。

【例 5-2】音频录制示例，通过麦克风录制一段音频并将其保存为文件。

实现此示例的思路：使用 AVRecorder 来完成即可。

新建项目 test5b，在 module.json5 文件中申请"ohos.permission.MICROPHONE"权限，将页面文件 Index.ets 的代码换成如下代码，其部分代码如下，完整代码参见源程序。

```
//Index.ets
import { media } from '@kit.MediaKit';
import fs from '@ohos.file.fs';
import { abilityAccessCtrl, common, Permissions } from '@kit.AbilityKit';
import { BusinessError } from '@kit.BasicServicesKit';
const permissions: Array<Permissions> = ['ohos.permission.MICROPHONE'];//权限列表
//向用户申请授权
......
@Entry
@Component
struct Index {
  aboutToAppear() {
    const context: common.UIAbilityContext = getContext(this) as common.UIAbility
Context;
    reqPermissionsFromUser(permissions, context);
  }
  @State message: string = '准备录制';
  private avRecorder: media.AVRecorder | null = null;
  private avProfile: media.AVRecorderProfile = {
    audioBitrate: 100000,    //音频比特率
    audioChannels: 2,        //音频声道数
    audioCodec: media.CodecMimeType.AUDIO_AAC, //音频编码格式，支持 ACC，MP3 等
    audioSampleRate: 48000, //音频采样率
    fileFormat: media.ContainerFormatType.CFT_MPEG_4A, //封装格式，支持 MP4、M4A、MP3、
WAV
  };
  private avConfig: media.AVRecorderConfig = {//音频输入源，这里设置为麦克风
    audioSourceType: media.AudioSourceType.AUDIO_SOURCE_TYPE_MIC,
    profile: this.avProfile,
    url: 'fd://35',              //后面重写该参数
  };
  private uriPath: string = ''; //文件 uri，可用于安全控件保存媒体资源
  private filePath: string = '';//文件路径
  private fileFd: number = 0;
  private audioFile: fs.File | null=null;
//创建文件，以及设置 avConfig.url
  async createAndSetFd(): Promise<void> {
    const context: Context = getContext(this);
    const path: string = context.filesDir + '/test5b.m4a'; //后缀名应与封装格式对应
    const audioFile: fs.File = fs.openSync(path, fs.OpenMode.READ_WRITE | fs.Open
Mode.CREATE);
    this.audioFile=audioFile;
    this.avConfig.url = 'fd:    //' + audioFile.fd; //更新 url
    this.fileFd = audioFile.fd; //文件 fd
```

```
  this.filePath = path;
 }
 //注册 audioRecorder 回调函数
 ......
```

启动模拟器，编译并运行项目，效果如图 5-3 所示。

3. 音频通话开发

常用的音频通话模式包括互联网电话（Voice over Internet Protocol，VoIP）通话和蜂窝通话。VoIP 通话是指基于互联网协议（Internet Protocol，IP）进行通信的一种语音通话技术。蜂窝通话是指传统的电话功能，由运营商提供服务，目前仅对系统应用开放，未向三方应用提供开发接口。

在开发音频通话相关功能时，开发者可以根据实际情况检查当前的音频场景模式和铃声模式，以使用相应的音频处理策略。

（1）音频场景模式

图 5-3 音频录制示例

使用音频通话相关功能时，系统会切换至与通话相关的音频场景模式（AudioScene），当前预置了多种音频场景，包括响铃、通话、语音聊天等，在不同的场景下，系统会采用不同的策略来处理音频。

当前预置的音频场景如下。

AUDIO_SCENE_DEFAULT：默认音频场景，音频通话之外的场景均可使用。

AUDIO_SCENE_VOICE_CHAT：语音聊天音频场景，VoIP 通话时使用。

应用可通过 AudioManager 的 getAudioScene()方法来获取当前的音频场景模式。当应用开始或终止使用音频通话相关功能时，可通过此方法检查系统是否已切换为合适的音频场景模式。

（2）铃声模式

在用户进入音频通话时，应用可以使用铃声或振动来提示用户。系统可以通过调整铃声模式（AudioRingMode）便捷地管理铃声音量，并调整设备的振动模式。

（3）通话场景音频设备切换

在通话场景下，系统会根据默认优先级选择合适的音频设备。应用可以根据需要自主切换音频设备。

通信设备类型（CommunicationDeviceType）是系统预置的可用于通话场景的设备，应用可以使用 AudioRoutingManager 的 isCommunicationDeviceActive()函数获取指定通信设备的激活状态，并且可以使用 AudioRoutingManager 的 setCommunicationDevice()设置通信设备的激活状态，通过激活设备来实现通话场景音频设备的切换。

在音频通话场景下，音频输出（播放对端声音）和音频输入（录制本端声音）会同时进行，应用可以使用 AudioRenderer 来实现音频输出，使用 AudioCapturer 来实现音频输入，同时使用 AudioRenderer 和 AudioCapturer 即可实现音频通话功能。

【例 5-3】音频通话示例，通过麦克风进行双向语音通话。

实现此示例的思路：使用 AudioRenderer 来完成即可。

具体步骤如下。

（1）新建项目 test5c。

（2）在目录 class 下新建文件 VoiceCallForAudioRenderer.ets，并将其代码替换成如下代码，完整代码参见源程序。

```
//VoiceCallForAudioRenderer.ets
import audio from '@ohos.multimedia.audio';
import fs from '@ohos.file.fs';
import { common } from '@kit.AbilityKit';
const TAG = 'VoiceCallForAudioRenderer';
class Options {
  offset?: number;
  length?: number;
}
/* 与开发音频播放功能的过程相似，关键区别在于 audioRendererInfo 参数和音频数据来源 */
class VoiceCallForAudioRenderer {
......
  private audioRendererInfo = {//需使用通话场景相应的参数
    content: audio.ContentType.CONTENT_TYPE_SPEECH, //音频内容类型：语音
    usage: audio.StreamUsage.STREAM_USAGE_VOICE_COMMUNICATION, /使用类型：语音通话 */
    rendererFlags: 0 //音频渲染器标志：默认为 0 即可
  }
   ......
}
export default new VoiceCallForAudioRenderer();
```

（3）在目录 class 下新建文件 VoiceCallForAudioCapturer.ets，并将其代码替换成如下代码，完整代码参见源程序。

```
//VoiceCallForAudioCapturer.ets
import audio from '@ohos.multimedia.audio';
import fs from '@ohos.file.fs';
import { common } from '@kit.AbilityKit';
const TAG = 'VoiceCallForAudioCapturer';
class Options {
  offset?: number;
  length?: number;
}
/* 与开发音频录制功能的过程相似，关键区别在于 audioCapturerInfo 参数和音频数据流向 */
class VoiceCallForAudioCapturer {
......
private audioCapturerInfo: audio.AudioCapturerInfo = {//需使用通话场景相应的参数
    source: audio.SourceType.SOURCE_TYPE_VOICE_COMMUNICATION, //音源类型：语音通话
    capturerFlags: 0 //音频采集器标志：默认为 0 即可
  }
......
}
export default new VoiceCallForAudioCapturer();
```

（4）将页面文件 Index.ets 的代码替换成如下代码。

```
//Index.ets
import renderer from '../class/VoiceCallForAudioRenderer';
import capturer from '../class/VoiceCallForAudioCapturer';
import { common } from '@kit.AbilityKit';
import { BusinessError } from '@kit.BasicServicesKit';
import { fileIo as fs } from '@kit.CoreFileKit';
```

```
@Entry
@Component
struct Index {
  @State message: string = '准备通话'
  private TAG: string = "SandboxPage";
  onCopyRawFileToLocal = ()=>{//复制音频文件到本地沙箱
  ......
  }
  async voiceCall() {//音频通话
    renderer.init();
    capturer.init();
    this.message='正在通话';
    await renderer.start();
    await capturer.start();
    //设置定时器以控制通话时长：30s
    setTimeout(() => {
      this.message='正在通话';
      console.log('正在通话');
    }, 30000);
    await renderer.release();
    await capturer.release();
  }
  build() {
    Row() {
      Column() {
        Button('复制音频文件到本地沙箱')
          .fontSize(20).padding(20).margin(20).padding(20)
          .backgroundColor(Color.Blue)
          .onClick(()=>{
            this.onCopyRawFileToLocal();
          })
        Button('音频通话')
          .fontSize(50).backgroundColor(Color.Blue).padding(20)
          .onClick(()=>{
            this.voiceCall();
          })
        Text(this.message)
          .fontSize(50)
          .fontWeight(FontWeight.Bold)
      }
      .width('100%')
    }
    .height('100%')
  }
}
```

启动模拟器，编译并运行项目，效果如图 5-4 所示。

图 5-4　音频通话效果

5.2 图片开发

图片开发是对图片像素数据进行解析、处理、构造的过程，以达到目标图片效果。

5.2.1 图片开发概述

图片开发主要涉及图片解码、图片处理、图片编码及图片工具等。

图片解码是指将所支持格式的存档图片解码成统一的位图（PixelMap），以便在应用或系统中进行图片显示或图片处理。当前支持的存档图片格式包括联合图像专家组（Joint Photographic Experts Group，JPEG）、便携式网络图形（Portable Network Graphics，PNG）、图形交换格式（Graphics Interchange Format，GIF）、网络图片格式（WebP）、位图（Bitmap，BMP）、可缩放矢量图形（Scalable Vector Graphics，SVG）、高效图像文件格式（High Efficiency Image File Format，HEIF）等。

图片处理是指对位图进行相关的操作，如旋转、缩放、设置透明度、获取图片信息、读写像素数据等。

图片编码是指将位图编码成不同格式的存档图片（当前仅支持 JPEG 和 HEIF），用于后续处理，如保存、传输等。

图片工具主要提供对图片可交换图像文件格式（Exchangeable image File Format，EXIF）信息的读取与编辑能力。

5.2.2 图片开发步骤

图片开发的主要步骤包括获取图片、创建实例、图片解码、图片处理、图片编码等。另外，图片工具可以提供对图片 EXIF 信息的读取与编辑能力。

图片开发的具体步骤如下。

1. 导入模块

代码如下。

```
import { image } from '@kit.ImageKit';
```

2. 获取图片

获取图片的方法有以下 4 种。

（1）通过沙箱路径获取图片，代码如下。

```
const context:Context = getContext(this);
const filePath:string = context.cacheDir + '/test.jpg';
```

（2）通过沙箱路径获取图片的文件描述符，代码如下。

```
import { fileIo as fs } from '@kit.CoreFileKit'
const context:Context = getContext(this);
const filePath:string = context.cacheDir + '/test.jpg';
const file:fs.File = fs.openSync(filePath, fs.OpenMode.READ_WRITE);
const fd:number = file.fd;
```

（3）通过资源管理器获取图片文件的 ArrayBuffer，代码如下。

```
const context:Context = getContext(this);
const resourceMgr = context.resourceManager; //获取 resourceManager
const fileData = await resourceMgr.getRawFileContent('test.jpg');
const buffer = fileData.buffer; //获取图片的 ArrayBuffer
```

（4）通过资源管理器获取图片文件的 RawFileDescriptor，代码如下。

```
const context : Context = getContext(this);
const resourceMgr : resourceManager.ResourceManager = context.resourceManager;
const f:resourceManager.RawFileDescriptor=await resourceMgr.getRawFd('test.jpg');
const fd = f.fd;
const offset = f.offset;
const length = f.length;
```

3. 创建实例

与获取图片类似，创建实例也有如下 4 种方法。

（1）通过沙箱路径创建，代码如下。

```
const imageSource = image.createImageSource(filePath); //filePath 为已获得的沙箱路径
```

（2）通过文件描述符创建，代码如下。

```
const imageSource = image.createImageSource(fd); //fd 为已获得的文件描述符
```

（3）通过缓冲区数组创建，代码如下。

```
const imageSource = image.createImageSource(buffer);
```

（4）通过资源文件的 RawFileDescriptor 创建，代码如下。

```
const imageSource : image.ImageSource = image.createImageSource(rawFileDescriptor);
```

4. 图片解码

设置参数，解码以获取 PixelMap 对象，代码如下。

```
let decodingOptions = {
    editable: true,//设置为可编辑
    desiredPixel Format: 3,//设置像素格式为 RGBA_8888
}
const pixelMap = await imageSource.createPixelMap(decodingOptions);
```

5. 图片处理

图片可以进行如下处理。

（1）获取图片信息，代码如下。

```
import { BusinessError } from '@kit.BasicServicesKit';
pixelMap.getImageInfo().then( info: image.ImageInfo => {//获取图片大小
  console.info('info.width = ' + info.size.width);
  console.info('info.height = ' + info.size.height);
}).catch((err: BusinessError) => {
  Console.error("无法获取图片信息。错误是: " + err);
});
//获取图片像素的总字节数
let pixelBytesNumber = pixelMap.getPixelBytesNumber();
//获取图片像素每行字节数
let rowCount = pixelMap.getBytesNumberPerRow();
//获取当前图片像素密度。像素密度是指每英寸（1 英寸=2.54 厘米）图片所拥有的像素数量。像素密度越大，
```
图片越精细

```
let getDensity = pixelMap.getDensity();
```

（2）图片裁剪，代码如下。

```
//x: 裁剪起始点横坐标为 180
//y: 裁剪起始点纵坐标为 30
//height: 裁剪高度为 300，方向为从上往下（裁剪后的图片高度为 300）
//width: 裁剪宽度为 300，方向为从左到右（裁剪后的图片宽度为 300）
pixelMap.crop({ x: 180, y: 30, size: { height: 300, width: 300 } });
```

（3）图片缩放，代码如下。

```
pixelMap.scale(0.3, 0.4); //宽为原来的 0.3，高为原来的 0.4
```

（4）图片偏移，代码如下。

```
pixelMap.translate(100, 100); //向下偏移 100，向右偏移 100
```

（5）图片旋转，代码如下。

```
pixelMap.rotate(90); //顺时针旋转 90°
```

（6）图片垂直翻转，代码如下。

```
pixelMap.flip(false, true);
```

（7）图片水平翻转，代码如下。

```
pixelMap.flip(true, false);
```

（8）调整图片透明度，代码如下。

```
pixelMap.opacity(0.5);
```

（9）图片美化，代码如下。

```
//场景一: 将读取的整张图片的像素数据写入 ArrayBuffer 中
const readBuffer = new ArrayBuffer(pixelBytesNumber);
pixelMap.readPixelsToBuffer(readBuffer).then(() => {
  console.info('Succeeded in reading image pixel data.');
}).catch(error => {
  console.error('读取图像像素数据失败。错误是: ' + error);
})
//场景二: 读取指定区域内的图片数据，将结果写入 area.pixels
const area = {
  pixels: new ArrayBuffer(8),
  offset: 0,
  stride: 8,
  region: { size: { height: 1, width: 2 }, x: 0, y: 0 }
}
pixelMap.readPixels(area).then(() => {
  console.info('成功读取指定区域内的图片数据。');
}).catch(error => {
  console.error('读取指定区域内的图片数据失败。错误是: ' + error);
})
//对于读取的图片数据，可以独立使用（创建新的 pixelMap），也可以根据需要对 area.pixels 进行修改
pixelMap.writePixels(area).then(() => {//将图片数据 area.pixels 写入指定区域内
  console.info('成功将图片数据 area.pixels 写入指定区域内。');
})
//将图片数据写入 pixelMap
const writeColor = new ArrayBuffer(96);
pixelMap.writeBufferToPixels(writeColor, () => {});
```

6. 图片编码

可采用如下方法进行图片编码。

（1）通过 PixelMap 进行编码，代码如下。

```
//创建 ImagePacker 对象
const imagePackerApi = image.createImagePacker();
//设置参数：format 为图片的编码格式；quality 为图片质量，范围为 0～100，100 为最佳质量
let packOpts = { format:"image/jpeg", quality:98 };
imagePackerApi.packing(pixelMap, packOpts).then( data => {
  //data 为打包获取到的文件流，写入文件保存即可得到一张图片
}).catch(error => {
  console.error('未能打包图像。错误是：' + error);
})
```

（2）通过 imageSource 进行编码，代码如下。

```
const imagePackerApi = image.createImagePacker();
let packOpts = { format:"image/jpeg", quality:98 };
imagePackerApi.packing(imageSource, packOpts).then( data => {
    //data 为打包获取到的文件流，写入文件保存即可得到一张图片
}).catch(error => {
  console.error('未能打包图像。错误是：' + error);
})
```

7. 图片工具

示例：读取、编辑 EXIF 信息，代码如下。

```
//读取 EXIF 信息，BitsPerSample 为每个像素的比特数
imageSource.getImageProperty(image.PropertyKey.BITS_PER_SAMPLE, (error, data) => {
  if (error) {
    console.error('无法获取图像 EXIF 信息。错误是：' + error);
  } else {
    console.info('成功获取图像 EXIF 信息，具体数据为： ' + data);
  }
})
//编辑 EXIF 信息
imageSource.modifyImageProperty(image.PropertyKey.IMAGE_WIDTH, '120').then(() => {
  const width = imageSource.getImageProperty("ImageWidth");
  console.info('图像新宽度是' + width);
})
```

【例 5-4】图片开发示例，将一张大图片裁剪成一张小图片。

实现此示例的思路：使用 imageSource 来完成即可。

新建项目 test5d，将页面文件 Index.ets 的代码替换成如下代码。

```
//Index.ets
import image from '@ohos.multimedia.image';
@Entry
@Component
struct Index {
  @State message: string = '图片准备';
  @State rawImg: PixelMap = undefined;
  @State cropImg: PixelMap = undefined;
  @State scaleImg: PixelMap = undefined;
```

```
@State translateImg: PixelMap = undefined;
@State rotateImg: PixelMap = undefined;
@State flipVerticalImg: PixelMap = undefined;
@State flipHorizontalImg: PixelMap = undefined;
@State opacityImg: PixelMap = undefined;
async imageProcessing(){
  //1.获取 resourceManager
  const context = getContext(this);
  const resourceMgr = context.resourceManager;
  //2.获取目录 rawfile 下 test.jpg 的 ArrayBuffer
  const fileData = await resourceMgr.getRawFileContent('test.jpg');
  //获取图片的 ArrayBuffer
  const buffer = fileData.buffer;
  //3.创建 imageSource
  const imageSource = image.createImageSource(buffer);
  //4.创建 PixelMap
  const pixelMap = await imageSource.createPixelMap();
  this.rawImg=pixelMap;
  this.message='原图';
  //裁剪
  const cropMap=pixelMap;
  await cropMap.crop({ x: 180, y: 30, size: { height: 300, width: 300 } });
  this.cropImg=cropMap;
  this.message='裁剪后';
}
build() {
  Row() {
    Column() {
        Button('图片开发').fontSize(25).padding(5).margin(5)
        .backgroundColor(Color.Red)
        .onClick(()=>{
          this.imageProcessing();
        })
      Image($rawfile('test.jpg')).width(300).height(300)
      Text('原图').fontSize(25).fontWeight(FontWeight.Bold)
      Image(this.cropImg).width(300).height(300)
      Text(this.message).fontSize(25).fontWeight(FontWeight.Bold)
    }
    .width('100%')
  }
  .height('100%')
  }
}
```

启动模拟器，编译并运行项目，单击"图片开发"按钮，其效果如图 5-5
所示。

5.3 视频开发

视频开发涉及面广，而且与我们的生活息息相关。

图 5-5　图片开发示例

5.3.1　视频开发概述

视频开发主要包括视频播放和视频录制。

1. 视频播放

鸿蒙系统提供了两种视频播放开发方案。

（1）AVPlayer

AVPlayer 是功能较完善的音视频播放 ArkTS/JavaScript API，集成了流媒体和本地资源解析，媒体资源解封装，视频解码和渲染功能，适用于对媒体资源进行端到端播放的场景，可直接播放 MP4、MKV 等格式的视频文件。

（2）Video 组件

Video 组件封装了视频播放的基础能力，设置数据源以及基础信息即可播放视频，但相对扩展能力较弱。Video 组件由 ArkUI 提供能力，相关内容请参考 2.3.3 小节。

视频播放的流程一般包含创建 AVPlayer、设置播放资源和窗口、设置播放参数（音量/倍速/缩放模式）、播放控制（播放/暂停/跳转/停止）、重置、销毁资源等。

2. 视频录制

视频录制可以通过 AVRecorder 接口来实现，AVRecorder 的主要工作是捕获音频信号，接收视频信号，完成音视频编码并将其保存到文件中，帮助开发者实现音视频录制功能，包括开始录制、暂停录制、恢复录制、停止录制、释放资源等功能控制。它允许调用者指定录制的编码格式、封装格式、文件路径等参数，其外部模块交互示意如图 5-6 所示。

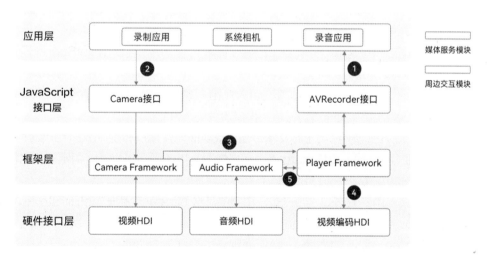

图 5-6　视频录制外部模块交互示意

（1）音频录制

应用通过调用 JavaScript 接口层提供的 AVRecorder 接口实现音频录制时，框架层会通过录制服务（Player Framework）调用音频服务（Audio Framework），通过音频硬件驱动接口（Hardware Driver Interface，HDI）捕获音频数据，通过软件编码封装后保存至文件中，实现音频录制功能。

（2）视频录制

应用通过调用 JavaScript 接口层提供的 AVRecorder 接口实现视频录制时，先通过 Camera 接口调用相机服务（Camera Framework），通过视频 HDI 捕获图像数据并送至框架层的 Player Framework，Player Framework 将图像数据通过视频编码 HDI 编码，再将编码后的图像数据封装至文件中，实现视频录制功能。

通过组合音视频录制，可分别实现纯音频录制、纯视频录制以及音视频录制。

此外，还可以通过 AVScreenCapture 录制屏幕、通过 AVMetadataExtractor 获取音视频元数据、通过 AVImageGenerator 获取视频缩略图、通过 AVTranscoder 进行视频转码。

5.3.2 视频开发步骤

使用 AVPlayer 进行视频开发的具体步骤如下。

1. 创建实例

通过 createAVPlayer() 创建实例，并且初始化 idle 状态。

2. 设置监听事件

设置业务需要的监听事件，搭配全流程场景使用。支持的监听事件如下。

stateChange：必要事件，监听播放器的 state 属性改变。

error：必要事件，监听播放器的错误信息。

durationUpdate：用于进度条，监听进度条长度，刷新资源时长。

timeUpdate：用于进度条，监听进度条当前位置，刷新当前时间。

seekDone：响应 API 调用，监听 seek 请求完成情况。当使用 seek 跳转到指定播放位置后，如果 seek 操作成功，将上报该事件。

speedDone：响应 API 调用，监听 setSpeed 请求完成情况。当使用 setSpeed 设置播放倍速后，如果 setSpeed 操作成功，将上报该事件。

volumeChange：响应 API 调用，监听 setVolume 请求完成情况。当使用 setVolume 调节播放音量后，如果 setVolume 操作成功，将上报该事件。

bitrateDone：响应 API 调用，用于超文本传输协议实时流媒体（Hypertext Transfer Protocol Live Streaming，HLS），监听 setBitrate 请求完成情况。当使用 setBitrate 指定播放比特率后，如果 setBitrate 操作成功，将上报该事件。

availableBitrates：用于 HLS，监听 HLS 资源的可选 bitrates，用于 setBitrate。

bufferingUpdate：用于网络播放，监听网络播放缓冲信息。

startRenderFrame：用于视频播放，监听视频播放首帧渲染时间。

videoSizeChange：用于视频播放，监听视频播放的宽高信息，可用于调整窗口大小、比例。

audioInterrupt：监听音频焦点切换信息，搭配属性 audioInterruptMode 使用。如果当前设备存在多个音频正在播放，音频焦点被切换时将上报该事件，以便应用及时进行处理。

3. 设置资源

设置属性 url，AVPlayer 进入 initialized 状态。

4. 设置窗口

获取并设置属性 SurfaceID（从 XComponent 组件获取），用于设置显示画面。

5. 准备播放

调用 prepare()，AVPlayer 进入 prepared 状态，此时可以获取 duration，设置缩放模式、音量等。

6. 视频播控

视频播放控制有播放（play）、暂停（pause）、跳转（seek）和停止（stop）等操作。

7. 更换资源（可选）

调用 reset() 重置资源，AVPlayer 重新进入 idle 状态，允许更换资源 URL。

8. 退出播放

调用 release() 销毁实例，AVPlayer 进入 released 状态，退出播放。

【例 5-5】视频开发示例，播放一个视频并显示其状态。

实现此示例的思路：利用 AVPlayer 以及 XComponent 组件即可。

新建项目 test5e，将视频文件 test.mp4 复制到文件夹 rawfile 中，将页面文件 Index.ets 的代码换成如下代码。

```
//Index.ets
import media from '@ohos.multimedia.media';
import common from '@ohos.app.ability.common';
@Entry
@Component
struct Index {
  @State message: string = '准备';
  private avPlayer: media.AVPlayer | null = null;
  private count: number = 0;
  private surfaceID: string = '';//用于播放画面显示
  controller: XComponentController = new XComponentController();
  setAVPlayerCallback(avPlayer: media.AVPlayer) {//注册 avplayer 回调函数
    avPlayer.on('durationUpdate', (duration) => {
      this.count=duration;
    })
    avPlayer.on('timeUpdate', (time:number) => {
      this.message='当前进度:'+(((time/this.count)*100).toFixed(3))+'% 时长:'+this.count.
toString();
    })
    avPlayer.on('seekDone', (seekDoneTime) => {//seek 操作结果回调函数
      console.info(`已经跳转到指定播放位置，具体时间是 ${seekDoneTime}`);
    })
    avPlayer.on('error', (err) => {//error 回调监听函数
      console.error(`调用 avPlayer 失败，代码: ${err.code}, 信息: ${err.message}`);
      avPlayer.reset(); //调用 reset 重置资源，触发 idle 状态
    })
    avPlayer.on('stateChange', async (state, reason) => {//状态变化回调函数
      switch (state) {
        case 'idle': //成功调用 reset 接口后触发该状态机上报
          avPlayer.release(); //调用 release 接口销毁实例对象
```

```
              this.message='播放器状态空闲'+reason;
              break;
        case 'initialized': //设置播放源后触发该状态上报
              avPlayer.surfaceId = this.surfaceID; //设置显示画面
              avPlayer.prepare();
              this.message='播放器已初始化';
              break;
        case 'prepared': //prepare调用成功后上报该状态机
              avPlayer.play(); //调用播放接口开始播放
              this.message='播放器已准备好';
              break;
        case 'playing': //play成功调用后触发该状态机上报
              this.message='播放器正在播放';
              break;
        case 'paused': //pause成功调用后触发该状态机上报
              this.message='暂停播放 '+this.message;
              break;
        case 'completed': //播放结束后触发该状态机上报
              avPlayer.stop(); //调用播放结束接口
              this.message='播放已完成';
              break;
        case 'stopped': //stop接口成功调用后触发该状态机上报
              avPlayer.reset(); //调用reset接口初始化avPlayer状态
              this.message='播放停止';
              break;
        case 'released':
              this.message='播放器已释放';
              break;
        default:
             .this.message='播放器状态未知';
              break;
      }
    })
  }
  async avPlayerFdSrc() {//视频播放主函数
    this.surfaceID = this.controller.getXComponentSurfaceId();
    this.avPlayer = await media.createAVPlayer();//创建avPlayer实例对象
    this.setAVPlayerCallback(this.avPlayer);//创建状态机变化回调函数
    let context = getContext(this) as common.UIAbilityContext;//获取当前上下文
    let fileDescriptor = await context.resourceManager.getRawFd('test.mp4');
    this.avPlayer.fdSrc = fileDescriptor;//为fdSrc赋值触发initialized状态机上报
  }
  build() {
    Row() {
      Column() {
        XComponent({type: XComponentType.SURFACE, controller: this.controller})
          .onLoad(() => {
this.controller.setXComponentSurfaceRect({surfaceWidth:1080,surfaceHeight:1920});
          this.surfaceID = this.controller.getXComponentSurfaceId();
```

```
    }).width('1080px').height('1920px')
  Flex({alignItems:ItemAlign.Center,justifyContent:FlexAlign.SpaceBetween}){
    Button('视频播放').backgroundColor(Color.Red)
      .fontSize(25).padding(5).margin(5)
      .onClick(()=>{ this.avPlayerFdSrc(); })
    Button('暂停').fontSize(25)
      .backgroundColor(Color.Red).padding(5).margin(5)
      .onClick(()=>{ this.avPlayer?.pause(); })
    Button('继续').fontSize(25)
      .backgroundColor(Color.Red).padding(5).margin(5)
      .onClick(()=>{ this.avPlayer?.play(); })
    Button('停止').fontSize(25)
      .backgroundColor(Color.Red).padding(5).margin(5)
      .onClick(()=>{ this.avPlayer?.stop(); })
  }.margin({ left:20,right:20 })
  Text(this.message).fontSize(20).fontWeight(FontWeight.Bold)
    }.width('100%')
  }.height('100%')
  }
}
```

启动模拟器，编译并运行项目，其效果如图 5-7 所示。

【项目实现】设计视频播放器

接到任务后，路工程师分析了项目要求，把此项目分成两个任务来实现：设计视频播放器主界面和设计视频播放器播放界面。同时，规划项目的代码结构如下。

例 5-5 动态效果

图 5-7 视频开发
示例

```
├──entry/src/main/ets                        //代码区
│  ├──class
│  │  ├──common
│  │  │  ├──constants
│  │  │  │  ├──CommonConstants.ets          //公共常量类
│  │  │  │  ├──HomeConstants.ets            //首页常量类
│  │  │  │  └──PlayConstants.ets            //视频播放页面常量类
│  │  │  ├──model
│  │  │  │  ├──HomeTabModel.ets             //首页属性类
│  │  │  │  └──PlayerModel.ets              //播放属性类
│  │  │  └──util
│  │  │     ├──DateFormatUtil.ets           //日期工具类
│  │  │     ├──GlobalContext.ets            //全局工具类
│  │  │     ├──Logger.ets                   //日志工具类
│  │  │     └──ScreenUtil.ets               //屏幕工具类
│  │  ├──controller
│  │  │  └──VideoController.ets             //视频控制类
│  │  ├──view
│  │  │  ├──HomeTabContent.ets              //首页 Tab 页面
│  │  │  ├──HomeTabContentButton.ets        //首页按钮组件
```

```
│   │   │   ├──HomeTabContentDialog.ets          //添加网络视频弹框组件
│   │   │   ├──HomeTabContentList.ets            //视频列表组件
│   │   │   ├──HomeTabContentListItem.ets        //视频对象组件
│   │   │   ├──PlayControl.ets                   //播放控制组件
│   │   │   ├──PlayPlayer.ets                    //视频播放组件
│   │   │   ├──PlayProgress.ets                  //播放进度组件
│   │   │   ├──PlayTitle.ets                     //播放标题组件
│   │   │   └──PlayTitleDialog.ets               //播放速度设置组件
│   │   └──viewmodel
│   │       ├──HomeDialogModel.ets               //添加网络视频弹框类
│   │       ├──HomeVideoListModel.ets            //获取视频列表数据类
│   │       ├──VideoItem.ets                     //视频对象类
│   │       └──VideoSpeed.ets                    //播放速度类类
│   ├──entryability
│   │   └──EntryAbility.ts                       //程序入口类
│   ├──entrybackupability
│   │   └──EntryBackupAbility.ets                //程序备份入口类
│   ├──pages
│   │   ├──Index.ets                             //首页页面
│   │   └──PlayPage.ets                          //视频播放页面
└──entry/src/main/resource                       //应用静态资源目录
    ├──base/element                              //元素资源
    │   ├──color.json                            //颜色数据
    │   ├──float.json                            //浮点型数据
    │   └──string.json                           //字符串数据
    ├──base/media                                //图片资源
    └──rawfile                                   //视频资源
```

任务 5-1 设计视频播放器主界面

1. 任务分析
视频播放器主界面主要获取本地视频和网络视频，因而需要配置相应的网络权限。
2. 代码实现
（1）新建项目 project5，在配置文件 module.json5 中配置如下权限。

```
"requestPermissions": [
    {
        "name": "ohos.permission.INTERNET",
        "usedScene": {
            "abilities": [
                "EntryAbility"
            ],
            "when": "inuse"
        },
        "reason": "$string:reason"
    }
]
```

（2）在类文件 HomeVideoListModel.ets 中获取本地视频，通过 resourceManager.get

RawFd()方法获取 rawfile 目录下的视频资源文件描述符，构造本地视频对象。其部分代码如下，完整代码参见源程序。

```
//HomeVideoListModel.ets
……
export class HomeVideoListModel {
  private videoLocalList: Array<VideoItem> = [];
  private videoInternetList: Array<VideoItem> = [];
  //扫描本地视频
  async getLocalVideo() {
    this.videoLocalList = [];
    await this.assemblingVideoBean();
    GlobalContext.getContext().setObject('videoLocalList', this.videoLocalList);
    return this.videoLocalList;
  }
  //组装本地视频对象
  ……
}
let homeVideoListModel = new HomeVideoListModel();
export default homeVideoListModel as HomeVideoListModel;
```

（3）在页面文件 HomeDialogModel.ets 中添加网络视频，网络视频需要手动输入地址，在有网络连接的环境下点击"链接校验"，通过地址获取视频时长，当视频时长小于等于 0 时弹出"链接校验失败"提示，否则弹出"链接校验成功"提示。其部分代码如下，完整代码参见源程序。

```
//HomeDialogModel.ets
……
export class HomeDialogModel {
public homeTabModel: HomeTabModel;
  private avPlayer: media.AVPlayer | null = null;
  private url: string = '';
  private duration: number = 0;
  private checkFlag: number = 0;
  private isLoading;
……
  //设置网络视频路径
  async checkSrcValidity(checkFlag: number) {
    if (this.isLoading) {
      return;
    }
    this.isLoading = true;
    this.context.linkCheck = $r('app.string.link_checking');
    this.context.loadColor = $r('app.color.index_tab_unselected_font_color');
    this.checkFlag = checkFlag;
    this.createAvPlayer();
  }
  //校验链接有效性
……
}
```

（4）将页面文件 Index.ets 的代码替换为如下代码，完整代码参见源程序。

```
//Index.ets
……
```

```
@Entry
@Component
struct Index {
  @State currentIndex: number = HomeConstants.CURRENT_INDEX;
  private controller: TabsController = new TabsController();
private controller: TabsController = new TabsController();
  async aboutToAppear() {
    ScreenUtil.setScreenSize();
  }
  ......
  build() {
  ......
  }
}
  ......
```

3. 运行效果

视频播放器主界面效果如图 5-8 所示，接下来设计视频播放器播放界面。

任务 5-2 设计视频播放器播放界面

1. 任务分析

视频播放器播放界面主要包括视频的暂停、播放、切换、倍速播放、拖动进度条设置当前进度、显示当前播放时间、音量调节等功能，另外还可以返回到主界面。

图 5-8 视频播放器主界面效果

2. 代码实现

（1）在类文件 PlayPlayer.ets 中初始化 XComponent 组件，用于展示视频画面，其部分代码如下，完整代码参见源程序。

```
//PlayPlayer.ets
......
@Component
export struct PlayPlayer {
  ......
  build() {
    Stack() {
      XComponent({
type: XComponentType.SURFACE,
        controller: this.xComponentController
      })
        .onLoad(async () => {
          this.xComponentController.setXComponentSurfaceRect({
            surfaceWidth: PlayConstants.PLAYER_SURFACE_WIDTH,
            surfaceHeight: PlayConstants.PLAYER_SURFACE_HEIGHT
          });
          this.surfaceID = this.xComponentController.getXComponentSurfaceId();
          this.playVideoModel.firstPlay(this.index, this.src, this.iSrc, this. surfaceID);
```

```
      })
        .width(CommonConstants.FULL_PERCENT)
.height(CommonConstants.FULL_PERCENT)
......
    }
    .width(CommonConstants.FULL_PERCENT)
    .height(CommonConstants.FULL_PERCENT)
 }
}
```

（2）在类文件 VideoController.ets 中构建一个实例对象，并为实例绑定状态机，其部分代码如下，完整代码参见源程序。

```
//VideoController.ets
......
@Observed
export class VideoController {
  public playerModel: PlayerModel;
  ......
  constructor() {
    this.playerModel = new PlayerModel();
    this.createAVPlayer();
  }
  //创建 AVPlayer 对象
  async createAVPlayer() {
    let avPlayer: media.AVPlayer = await media.createAVPlayer();
    this.avPlayer = avPlayer;
    this.bindState();
  }
  ......
}
```

（3）在页面文件 PlayPage.ets 中展示视频播放界面，并支持返回到主界面，其部分代码如下，完整代码参见源程序。

```
//PlayPage.ets
......
@Entry
@Component
struct PlayPage {
  playVideoModel: VideoController = new VideoController();
  @Provide playerModel: PlayerModel = this.playVideoModel.playerModel;
  ......
  aboutToAppear() {
    let params = router.getParams() as Record<string, Object>;
    this.src = params.src as resourceManager.RawFileDescriptor;
    this.iSrc = params.iSrc as string;
    this.index = params.index as number;
    this.type = params.type as number;
  }
  ......
  build() {
```

```
  Stack() {
    Column() {
      Column() {
      }
      .height(this.videoMargin)
      PlayPlayer({ playVideoModel: this.playVideoModel })
        .width(this.videoWidth)
        .height(this.videoHeight)
    }
    .height(CommonConstants.FULL_PERCENT)
    .width(CommonConstants.FULL_PERCENT)
    .justifyContent(this.videoPosition)
    .zIndex(0)

    Column() {
      PlayTitle({ playVideoModel: this.playVideoModel })
        .width(CommonConstants.FULL_PERCENT)
.height(PlayConstants.HEIGHT)
        ......
    }
    .height(CommonConstants.FULL_PERCENT)
    .width(CommonConstants.FULL_PERCENT)
    .zIndex(1)
  }
  .height(CommonConstants.FULL_PERCENT)
  .width(CommonConstants.FULL_PERCENT)
  .backgroundColor(Color.Black)
  }
}
```

3. 运行效果

将上述文件保存，并且引入相关的工具类文件及视频、字符串、颜色、布尔值等文件，保存项目，编译后在模拟器上运行，效果如图 5-9 所示，视频播放器成功实现。

【 小结及提高 】

本项目设计了视频播放器。通过学习本项目，读者能够掌握常用的音频开发、图片开发、视频开发技术，能够熟练地结合前面介绍的相关知识来解决实际问题。本项目实用性很强，还可以进一步拓展，如管理手机视频、视频信息修正等。

图 5-9　视频播放器播放界面

自主学习的核心在于独立和科学的学习方法，通过课程教学培养学生的独立思考、自主创新、主动学习的能力，使他们具备科学思维，从而适应和促进快速发展的社会。终身学习是指在一生中持续不断地学习新知识、新技能和新观念，从而适应快速发展的社会和不断变化的个人发展需求。它强调学习的持续性和全面性，是个人成长和社会进步的重要动力。

【项目实训】

1. 实训要求

使用 Video 组件实现视频播放器。

2. 步骤提示

Video 式视频播放器可以按照以下步骤来实现。

（1）主界面顶部使用 Swiper 组件实现视频海报轮播。

（2）主界面下方使用 List 组件实现视频列表。

（3）播放界面使用 Video 组件实现视频播放。

（4）在不使用视频组件默认控制器的前提下，实现自定义控制器。

（5）播放界面底部使用图标控制视频播放/暂停。

（6）播放界面底部使用 Slider 组件控制和显示视频播放进度。

（7）播放界面使用 Stack 组件在视频播放画面上显示开始／暂停／加载图标。

效果如图 5-10 所示。

图 5-10　Video 式视频播放器效果

【习题】

一、填空题

1. 音频开发主要包括_____、_____、_____等步骤。

2. 图片开发主要涉及_____、_____、_____、
_____等。

3. 视频开发主要包括_____和_____。

4. 音频播放开发可以选用的 API 有＿＿＿＿＿＿＿＿、＿＿＿＿＿＿＿＿、＿＿＿＿＿＿＿＿。

5. 常用的音频通话模式包括＿＿＿＿＿＿＿＿和＿＿＿＿＿＿＿＿。

二、编程题

1. 编程实现视频播放器。

2. 编程实现 Video 式视频播放器。

项目6
云林新闻发布应用开发

06

【项目导入】

云林科技为了增强公司的宣传效果，将开发一款可以独立使用的新闻发布应用，公司经理把这个任务交给了技术部的唐工程师，并提出应用要有美观的界面，可以方便地进行各种操作；要有扩展性，后期可以方便嵌入公司 App；只需手机就可使用等要求。云林新闻发布应用主界面如图 6-1 所示。

图 6-1　云林新闻发布应用主界面

【项目分析】

完成本项目需要用到应用安全、HTTP 访问网络、Web 组件访问网络等知识。

【知识目标】
- 了解应用安全的相关知识。
- 掌握 Web 组件访问网络的相关技巧。
- 了解 HTTP 访问网络的相关知识。

【能力目标】
- 能够熟练使用应用安全机制。
- 能够综合使用 Web 组件访问网络、HTTP 访问网络及应用安全等来解决问题。
- 能够熟练使用 HTTP 访问网络。

【素养目标】
具有维护网络安全和国家安全的意识。

【知识储备】

6.1 应用安全

基本的应用安全机制包括访问控制、用户认证、密钥管理、加解密算法库框架、数字证书等，这里只介绍访问控制、用户认证和密钥管理。

6.1.1 访问控制

访问控制是鸿蒙系统基于访问令牌构建的统一的应用权限管理能力。

默认情况下，应用只能访问有限的系统资源。但在某些情况下，应用存在扩展功能，需要访问额外的，系统或其他应用的数据（包括用户个人数据）、功能，应用也必须以明确的方式对外提供接口以共享其数据或功能。鸿蒙系统提供了一种访问控制机制来防止这些数据或功能被不当或恶意使用，即应用权限。

应用权限保护的对象可以分为数据和功能。

数据包含个人数据（如照片、通讯录、日历、位置等）、设备数据（如设备标识、相机、麦克风等）、应用数据。

功能则包括设备功能（如打电话、发短信、联网）、应用功能（如弹出悬浮框、创建快捷方式）等。

应用权限是程序访问、操作某种对象的通行证。权限在应用层面要求有明确定义，应用权限使得系统可以规范各类应用程序的行为准则，实现用户隐私的保护机制。当应用访问目标对象时，目标对象会对应用进行权限检查，如果没有对应权限，则访问操作将被拒绝。

访问控制提供的应用权限校验功能基于统一管理的令牌标识（Token Identity，TokenID）。令牌标识是每个应用的身份标识，访问控制通过应用的令牌标识来管理应用的权限。

1. 应用申请、使用权限的基本原则

应用在进行权限的申请和使用时，需要满足以下基本原则。

（1）应用申请的权限都必须有明确、合理的使用场景和功能说明，确保用户清晰地知道申请权限的目的、场景、用途；禁止诱导、误导用户授权；应用使用的权限必须与申请所述一致。

（2）应用权限申请遵循最小化原则，即只申请业务功能所必要的权限，禁止申请不必要的权限。

（3）应用在首次启动时，避免频繁弹窗申请多个权限；权限须在用户使用对应业务功能时动态申请。

（4）用户拒绝授予某个权限时，与此权限无关的其他业务功能应能正常使用，不能影响应用的正常注册或登录。

（5）业务功能所需要的权限被用户拒绝授予且禁止后不再提示，当用户主动触发使用此业务功能或为实现业务功能所必须的权限时，应用程序可通过界面内的文字引导，让用户主动到"系统设置"中授权。

（6）当前不允许应用自行定义权限，应用申请的权限应该从已有的权限列表中选择。

2. 应用申请、使用的工作流程

应用在访问数据或者执行操作时，需要评估该行为是否需要相关的权限。如果确认需要目标权限，则需要在应用安装包中申请目标权限。

然后，需要判断目标权限是否属于用户授权类。如果是，应用需要使用动态授权弹窗来提供用户授权界面，请求用户授予目标权限。

当用户授予应用所需权限后，应用可成功访问目标数据或执行目标操作。

应用申请、使用权限的工作流程如图6-2所示。

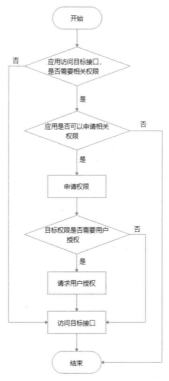

图 6-2　应用申请、使用权限的工作流程

开发者可以参考已有的权限列表，判断应用能否申请目标权限。

3. 应用进行权限校验的工作流程

应用在提供对外功能服务接口时，可以根据接口所涉数据的敏感程度或所涉能力对安全的影响，在已有的权限列表中选择合适的权限保护当前接口，对访问者进行权限校验。

当且仅当访问者获得当前接口所需权限后，才能通过当前接口的权限校验，并正常使用当前应用提供的目标功能。

应用进行权限校验的工作流程如图 6-3 所示。

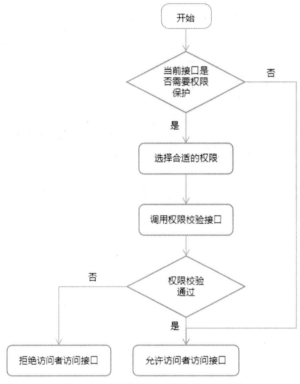

图 6-3　应用进行权限校验的工作流程

（1）根据应用当前提供的接口是否涉及敏感的数据或者功能，决定是否使用应用权限对当前接口进行访问控制。

（2）应用可以在已有的权限列表中选择合适的权限。例如，应用提供的接口涉及麦克风的使用，则推荐使用与麦克风相关的权限对接口进行保护。

（3）应用可以使用权限校验接口对访问者进行鉴权。

4. 应用权限等级

根据接口所涉数据的敏感程度或所涉能力对安全的影响，访问令牌管理器（Access Token Manager，ATM）通过定义不同开放范围的权限等级来保护用户隐私。

元能力权限等级（Ability Privilege Level，APL）指的是应用的权限申请优先级，不同 APL 的应用能够申请的权限等级不同。

应用的 APL 如下。

（1）system_core：提供操作系统核心能力。

（2）system_basic：提供系统基础服务。

（3）normal：默认情况下，应用的 APL 都为 normal。

5. 权限等级类型

根据权限对不同等级应用开放不同的范围，权限类型可分为以下 3 种，等级依次提高。

（1）normal 权限。

normal 权限允许应用访问超出默认规则的普通系统资源。这些系统资源的开放（包括数据和功能）对用户隐私及其他应用带来的风险很小。

该类型的权限仅向 APL 为 normal 及以上的应用开放。

（2）system_basic 权限。

system_basic 权限允许应用访问与操作系统基础服务相关的资源。操作系统基础服务属于系统提供或者预置的基础功能，如系统设置、身份认证等。这些系统资源的开放对用户隐私及其他应用带来的风险较大。

该类型的权限仅向 APL 为 system_basic 及以上的应用开放。

（3）system_core 权限。

system_core 权限涉及开放操作系统核心资源的访问操作。这部分系统资源是系统核心的底层服务，如果遭受破坏，操作系统将无法正常运行。

鉴于该类型权限对系统有很大的影响，目前暂不向任何第三方应用开放。

6. 权限授权类型

根据授权方式的不同，权限类型可分为 system_grant（系统授权）和 user_grant（用户授权）。

（1）system_grant。

system_grant 指的是系统授权类型，在该类型的权限许可下，应用被允许访问的数据不会涉及用户或设备的敏感信息，应用被允许执行的操作不会对系统或者其他应用造成显著的不利影响。

如果在应用中申请了 system_grant 权限，那么系统会在用户安装应用时，自动把相应权限授予应用。应用需要在应用商店的详情页面向用户展示所申请的 system_grant 权限列表。

（2）user_grant。

user_grant 指的是用户授权类型，在该类型的权限许可下，应用被允许访问的数据会涉及用户或设备的敏感信息，应用被允许执行的操作可能对系统或者其他应用造成严重的影响。

该类型权限不仅需要在安装包中申请权限，还需要在应用动态运行时，通过发送弹窗的方式请求用户授权。在用户手动允许授权后，应用才会真正获取相应权限，从而成功访问目标对象。

例如，在权限列表中，麦克风和摄像头对应的权限都属于用户授权权限，列表中给出了详细的权限使用理由。

应用需要在应用商店的详情页面向用户展示所申请的 user_grant 权限列表。

7. 不同类型权限的授予流程

如果应用需要获取目标权限，那么需要先进行权限申请。

（1）权限申请。

开发者需要在配置文件中声明目标权限。

（2）权限授予。

如果目标权限属于 system_grant 类型，开发者在进行权限申请后，系统会在安装应用时自动为其进行权限预授予，开发者不需要做其他操作即可使用权限。

如果目标权限属于 user_grant 类型，开发者在进行权限申请后，在运行时触发动态弹窗，请求用户授权。

8. 获取 user_grant 类型权限的步骤

应用可按以下步骤获取 user_grant 类型的权限。

（1）在配置文件中，声明应用需要请求的权限。

（2）将应用中需要申请权限的目标对象与对应目标权限进行关联，让用户明确地知道哪些操作需要向应用授予指定的权限。

（3）运行应用时，在用户访问目标对象时应该调用接口，精准触发动态授权弹窗。该接口的内部会检查当前用户是否已经授予应用所需的权限，如果当前用户尚未授予应用所需的权限，该接口会唤起动态授权弹窗，向用户请求授权。

（4）检查用户的授权结果，确认用户已授权才可以进行下一步操作。

① 每次执行需要目标权限的操作时，应用都必须检查自己是否已经具有相应权限。

② 如需检查用户是否已向应用授予特定权限，可以使用 checkAccessToken()函数，此函数会返回 PERMISSION_GRANTED 或 PERMISSION_DENIED。

③ 获取 user_grant 类型的权限时要基于用户可知可控的原则，需要应用在运行时主动调用系统动态申请权限的接口，系统打开弹窗供用户决策，用户结合应用运行场景的上下文，评估应用申请相应敏感权限的合理性，从而做出正确的选择。

④ 即使用户向应用授予过目标权限，应用在调用受此权限管控的接口前，也应该先检查自己有无此权限，而不能把授予状态持久化，因为用户在动态授权后还可以通过设置取消应用的权限。

【例 6-1】访问控制示例，展示一个应用的页面需要用户授权才可访问。

实现此示例的思路：利用访问控制模块进行权限的申请与验证。具体步骤如下。

（1）新建项目 test6，将文件 EntryAbility.ets 的代码替换成如下代码（省略的代码是原有的代码）。

```
//EntryAbility.ets
......
import abilityAccessCtrl, { Permissions } from '@ohos.abilityAccessCtrl';
const permissions: Array<Permissions> = ['ohos.permission.CAMERA'];
export default class EntryAbility extends UIAbility {
......
  onDestroy() {
    hilog.info(0x0000, 'testTag', '%{public}s', 'Ability onDestroy');
  }
  onWindowStageCreate(windowStage: window.WindowStage): void {
    let context = this.context;
    let atManager = abilityAccessCtrl.createAtManager();
    //requestPermissionsFromUser()会判断权限的授予状态，以确定是否唤起弹窗
    atManager.requestPermissionsFromUser(context, permissions).then((data) => {
      let grantStatus: Array<number> = data.authResults;
      let length: number = grantStatus.length;
      for (let i = 0; i < length; i++) {
        if (grantStatus[i] === 0) {
          //用户授权，可以继续访问目标操作
          windowStage.loadContent('pages/Index', (err, data) => {
            if (err.code) {
```

```
            hilog.error(0x0000, 'testTag', '未能加载目标页面。原因: %{public}s', JSON.
stringify(err) ?? '');
            return;
          }
          hilog.info(0x0000, 'testTag', '成功加载目标页面。数据: %{public}s',
JSON.stringify(data) ?? '');
        });
      } else {
        //用户拒绝授权，提示用户必须授权才能访问
        windowStage.loadContent('pages/Errors', (err, data) => {
          if (err.code) {
            hilog.error(0x0000, 'testTag', '未能加载错误提示页面。原因: %{public}s',
JSON.stringify(err) ?? '');
            return;
          }
          hilog.info(0x0000, 'testTag', '成功加载错误提示页面。数据: %{public}s',
JSON.stringify(data) ?? '');
        });
        hilog.error(0x0000, 'testTag', '用户必须授权才能访问当前页面');
        return;
      }
    }
  })
  }
  }
......
  }
```

（2）在字符串数据文件 string.json 中设置权限申请原因（省略处为原有的数据）。

```
{
  "string": [
    ......
    {
    "name": "EntryAbility_label",
    "value": "test6"
    },
    {
    "name": "reason",
    "value": "应用需要使用相机"
    }
  ]
}
```

（3）在配置文件 module.json5 中声明权限：用允许应用使用相机"ohos.permission.CAMERA"（省略处为原有的数据）。

```
{
  "module": {
    ......
    ],
```

```
      "requestPermissions":[
        {
          "name" : "ohos.permission.CAMERA",
          "reason": "$string:reason",
          "usedScene": {
            "abilities": [
              "FormAbility"
            ],
            "when": "always",
          }
        }
      ]
    }
}
```

（4）新建页面文件 Errors.ets，并将其加入页面路由，同时将其代码替换成如下代码。

```
//Errors.ets
@Entry
@Component
struct Errors {
  @State message: string = '用户未授权，不能正常访问'
  build() {
    RelativeContainer() {
      Text(this.message)
        .id('ErrorsHelloWorld')
        .fontSize(50)
        .fontWeight(FontWeight.Bold)
        .alignRules({
          center: { anchor: '__container__', align: VerticalAlign.Center },
          middle: { anchor: '__container__', align: HorizontalAlign.Center }
        })
    }
    .height('100%')
    .width('100%')
  }
}
```

（5）将页面文件 Index.ets 的代码替换成如下代码。

```
//Index.ets
@Entry
@Component
struct Index {
  @State message: string = '授权访问'
  build() {
    RelativeContainer() {
      Text(this.message)
        .id('HelloWorld')
        .fontSize(50)
        .fontWeight(FontWeight.Bold)
        .alignRules({
```

```
            center: { anchor: '__container__', align: VerticalAlign.Center },
            middle: { anchor: '__container__', align: HorizontalAlign.Center }
        })
    }
    .height('100%')
    .width('100%')
  }
}
```

启动模拟器，编译并运行项目，效果如图 6-4 所示。

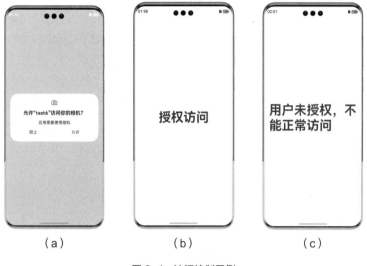

（a）　　　　　　　　　　（b）　　　　　　　　　　（c）

图 6-4　访问控制示例

6.1.2　用户认证

用户认证模块提供用户认证能力，应用开发者可使用该模块对用户身份进行认证，用于设备解锁、支付、应用登录等身份认证场景。

当前用户认证提供人脸识别、指纹识别及锁屏口令认证能力。

1. 用户认证基本概念

（1）人脸识别。

人脸识别是基于人的脸部特征信息进行身份识别的一种生物特征识别技术，用摄像机或摄像头采集含有人脸的图像或视频流，并自动在图像中检测和跟踪人脸，进而对检测到的人脸进行脸部识别，通常也叫作人像识别、面部识别、人脸认证。

（2）指纹识别。

指纹识别是基于人的指尖皮肤纹路进行身份识别的一种生物特征识别技术。当用户触摸指纹采集器件时，器件感知并获取用户的指纹图像，将其传输到指纹识别模块进行一定的处理，然后与用户预先注册的指纹信息进行比对，从而识别出用户身份。

（3）锁屏口令。

锁屏口令是指用于解锁手机屏幕的密码或图案，这里主要包括以下三种类型。

① 数字密码：由 4 位或 6 位数字组成，如"1234""0000"等。

② 图案解锁：用户自行设计的简单图案，通过在屏幕上连续画出预设的图案来解锁。

③ 个人身份识别码（Personal Identification Number，PIN）：由 4 位数字组成，如"1234""4567"等。

2. 用户认证运作机制

在人脸识别或指纹识别过程中，特征采集器件和可信执行环境（Trusted Execution Environment，TEE）之间会建立安全通道，采集的生物特征信息会直接通过安全通道传递到 TEE 中，从而避免了恶意软件从富执行环境（Rich Execution Environment，REE）侧进行攻击。传输到 TEE 中的生物特征数据从活体检测、特征提取、特征存储、特征比对到特征销毁等一系列处理都在 TEE 中完成，基于可信区域（TrustZone）进行安全隔离，提供 API 的服务框架只负责管理认证请求和处理认证结果等数据，不涉及生物特征数据本身。

用户注册的生物特征数据在 TEE 的安全存储区进行存储，采用高强度的密码算法进行加密和完整性保护，外部无法获取到加密生物特征数据的密钥，保证了用户生物特征数据的安全性。本能力采集和存储的生物特征数据不会在用户未授权的情况下被传出 TEE。这意味着，用户未授权时，无论是系统应用还是第三方应用，都无法获得人脸和指纹等特征数据，也无法将这些特征数据传送或备份到任何外部存储介质。

用户认证框架架构图如图 6-5 所示。

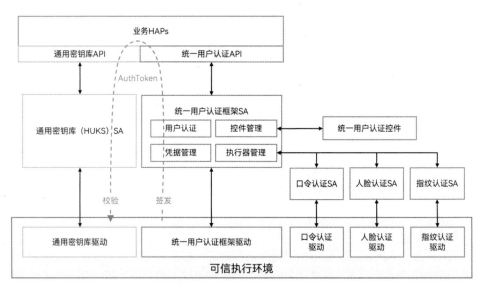

图 6-5　用户认证框架架构图

用户认证框架主要包括四个部分。

（1）统一用户认证 API

统一用户认证 API 提供归一化的系统用户身份认证能力调用接口。屏蔽认证差异，便于开发者调用系统能力认证用户身份。

（2）统一用户认证框架

统一用户认证框架包括框架层的 SA 和驱动，负责调度系统上的各种身份认证能力和用户认证控件，来完成业务通过统一用户认证 API 发起的用户认证请求。

（3）统一用户认证控件

统一用户认证控件实现了各种认证方式的用户身份认证交互界面，确保一致的用户身份认证体验，供统一身份认证框架调用。

（4）各种认证能力

各种认证能力包括锁屏口令认证、人脸认证和指纹认证，分别实现了基于锁屏口令、人脸和指纹认证用户身份的能力，供统一用户认证框架调度。

用户身份认证通过后，统一用户认证框架会在设备可信执行环境中签发用户身份认证通过证明，简称 AuthToken。

使用用户身份认证功能完成用户鉴权的过程：当应用需要调用通用密钥库服务中需用户授权才能访问的密钥时，应用可以将获取到的 AuthToken 随密钥调用请求一同提供给通用密钥库服务，作为密钥二次访问控制的用户鉴权证明。通用密钥库服务在 TEE 中校验了 AuthToken 的合法性和有效性后，便会响应业务请求，执行对应的密钥操作。

3. 认证可信等级

认证可信等级（Auth Trust Level，ATL）可用三种指标来衡量。

（1）误拒率（False Rejection Rate，FRR）：将合法用户当做非法用户拒绝的概率。

（2）误闯率（False Acceptance Rate，FAR）：将非法用户当做合法用户接受的概率。

（3）伪认率（Spoof Acceptance Rate，SAR）：接受一个基于合法生物特征复制的、非活体的样本概率。

FAR 越低，FRR 越高，认证的安全性越高，但使用便捷性越差。

具体的认证可信等级如表 6-1 所示。

表 6-1　认证可信等级

认证可信等级	认证能力指标	说明和举例	典型应用场景
ATL4	FRR=10%时，FAR≤0.0001%，SAR≤3%	能高精度地识别用户个体，有很强的活体检测能力，如采用了安全键盘的 6 位及以上 PIN 码认证和有特殊安全增强的指纹与 3D 人脸认证	小额支付
ATL3	FRR=10%时，FAR≤0.002%，SAR≤7%	能精确识别用户个体，有较强的活体检测能力，如有特殊安全增强的 2D 人脸认证	设备解锁
ATL2	FRR=10%时，FAR≤0.002%，7%<SAR≤20%	能精确识别用户个体，有一定的活体检测能力，如使用普通相机采集图像的 2D 人脸认证	维持设备解锁状态
ATL1	FRR=10%时，FAR≤1%，7%<SAR≤20%	能识别用户个体，有一定的活体检测能力，如声纹认证	业务风控、精准推荐、个性化服务

4. 用户认证开发指导

用户认证可以分别使用 ArkTS API 和 ArkTS 组件来进行。

（1）使用 ArkTS API 进行用户认证

具体步骤如下。

① 申请权限。

在配置文件 module.json5 中申明权限：ohos.permission.ACCESS_BIOMETRIC。

```
{
  "module": {
    //...
    "requestPermissions":[
      {
        "name" : "ohos.permission.ACCESS_BIOMETRIC",
        "reason": "$string:reason",
        "usedScene": {
          "abilities": [
            "FormAbility"
          ],
          "when":"always"
        }
      }
    ]
  }
}
```

② 导入用户认证模块。

```
import { userAuth } from '@kit.UserAuthenticationKit';
```

③ 查询是否支持认证能力。

```
try {
    userAuth.getAvailableStatus(userAuth.UserAuthType.FACE,
userAuth.AuthTrustLevel.ATL1);
    console.info("支持当前认证信任级别");
} catch (error) {
    console.info("不支持当前认证信任级别，错误代码是: " + error);
}
```

④ 获取认证对象。

```
let auth;
try {
    auth = userAuth.getAuthInstance(challenge, authType, authTrustLevel);
    console.log("获取认证实例成功");
} catch (error) {
    console.log("获取认证实例失败，错误代码是: " + error);
}
```

⑤ 订阅认证结果。

```
try {
    auth.on("result", {
        callback: (result: userAuth.AuthResultInfo) => {
            console.log("认证结果: " + result.result);
            console.log("认证令牌: " + result.token);
            console.log("认证剩余尝试: " + result.remainAttempts);
            console.log("认证锁定持续时间: " + result.lockoutDuration);
        }
```

```
    });
    console.log("订阅认证事件成功");
} catch (error) {
    console.log("订阅认证事件失败, 错误代码: " + error);
}
```

⑥ 发起认证。

```
try {
    auth.start();
    console.info("发起认证成功");
} catch (error) {
    console.info("发起认证失败, 错误代码: " + error);
}
```

⑦ 取消订阅认证过程中的提示信息。

```
try {
    auth.off("tip");
    console.info("取消订阅提示信息成功");
} catch (error) {
    console.info("取消订阅提示信息失败, 错误代码: " + error);
}
```

⑧ 取消认证。

```
try {
    auth.cancel();
    console.info("取消认证成功");
} catch (error) {
    console.info("取消认证失败, 错误代码: " + error);
}
```

（2）使用 userAuthIcon 组件进行用户认证

userAuthIcon 组件可用来进行用户认证, 它提供应用界面上展示的人脸、指纹认证图标, 具体功能如下。

① 提供嵌入式的人脸、指纹认证控件图标, 可被应用集成。

② 支持自定义图标的颜色和大小, 但图标样式不可变更。

③ 点击控件图标后将以系统弹窗的方式, 拉起人脸、指纹认证控件。

【例 6-2】用户认证示例, 展示可以点击进行认证的人脸和指纹图标。

实现此示例的思路: 利用 userAuthIcon 组件来进行即可。具体步骤如下。

① 新建项目 test6b, 在配置文件 module.json5 中申明 "ohos.permission. ACCESS_BIOMETRIC" 权限, 将文件 Index.ets 的代码换成如下代码。

```
//Index.ets
import { userAuth, UserAuthIcon } from '@kit.UserAuthenticationKit';
@Entry
@Component
struct Index {
  @State message: string = '当前状态: 准备认证';
  authParam: userAuth.AuthParam = {
    challenge: new Uint8Array([49, 49, 49, 49, 49, 49]),
    authType: [userAuth.UserAuthType.FACE, userAuth.UserAuthType.PIN],
    authTrustLevel: userAuth.AuthTrustLevel.ATL3
```

```
};
authParam2: userAuth.AuthParam = {
  challenge: new Uint8Array([49, 49, 49, 49, 49, 49]),
  authType: [userAuth.UserAuthType.FINGERPRINT, userAuth.UserAuthType.PIN],
  authTrustLevel: userAuth.AuthTrustLevel.ATL3
};
widgetParam: userAuth.WidgetParam = {
  title: '请进行身份认证'
};
build() {
  Row() {
    Column() {
      Button('用户认证').backgroundColor(Color.Blue)
        .fontSize(30).padding(20).margin(20)
      Text('人脸识别认证').fontSize(25)
      UserAuthIcon({
        authParam: this.authParam,//用户认证相关参数
        widgetParam: this.widgetParam,//用户认证界面配置相关参数
        iconHeight: 200,//设置icon的高度
        iconColor: Color.Blue,//设置icon的颜色
        onIconClick: () => {//用户点击icon回调接口
          this.message='正在进行用户验证，请稍候！';
        },
        onAuthResult: (result: userAuth.UserAuthResult) => {
          this.message='用户验证的结果是: '+JSON.stringify(result);
        }//用户认证结果信息回调接口
      })
      Text('指纹识别认证').fontSize(25)
      UserAuthIcon({
        authParam: this.authParam2,
        widgetParam: this.widgetParam,
        iconHeight: 200,
        iconColor: Color.Blue,
        onIconClick: () => {
          this.message='正在进行用户验证，请稍候！';
        },
        onAuthResult: (result: userAuth.UserAuthResult) => {
          this.message='用户验证的结果是: '+JSON.stringify(result);
        }
      })
      Text(this.message).fontSize(25).fontWeight(FontWeight.Bold)
    }.width('100%')
  }.height('100%')
}
}
```

② 启动真机，编译并运行项目，其效果如图6-6所示。

图 6-6　用户认证

6.2 HTTP 访问网络

HTTP 访问网络支持常见的 GET、POST、OPTIONS、HEAD、PUT、DELETE、TRACE、CONNECT 方法。

HTTP 访问网络功能主要由 http 模块提供，使用该功能需要申请 ohos.permission.INTERNET 权限。

【例 6-3】HTTP 访问网络示例，通过点击按钮获取互联网信息。

实现此示例的思路：利用 http 模块即可。具体步骤如下。

（1）新建项目 test6c，在配置文件 module.json5 中声明权限：ohos.permission.INTERNET。

```
{
  "module": {
    ......
    "requestPermissions":[
      {
"name" : "ohos.permission.INTERNET",
      "reason": "$string:reason",
      "usedScene": {
        "abilities": [
          "FormAbility"
        ],
```

```
            "when":"always"
          }
        }
      ]
    }
}
```

（2）将页面文件 Index.ets 的代码替换成如下代码。

```
//Index.ets
import { rcp } from '@kit.RemoteCommunicationKit';//引入包名
import { BusinessError } from '@kit.BasicServicesKit';
@Entry
@Component
struct Index {
  @State message: string = '准备 HTTP 访问网络';
  private httpReq(){
    const session = rcp.createSession();//创建 HTTP 会话
    const simpleForm: rcp.FormFields = {//发送的数据
      "data": "发送的数据>>>",
      "key": "关键字",
    };
    const url:string="http://www.zi**.com/httpdata.php";//请求的网址
    session.post(url, simpleForm).then((response) => {
      this.message=JSON.stringify(response);
    }).catch((err: BusinessError) => {
      this.message=JSON.stringify(err);
    });
  }
  build() {
    Row() {
      Column() {
        Text(this.message)
          .fontSize(30)
          .fontWeight(FontWeight.Bold)
        Button('HTTP 访问网络')
          .fontSize(30)
          .backgroundColor(Color.Blue)
          .padding(20)
          .onClick(()=>{
            this.httpReq();
          })
      }
      .width('100%')
    }
    .height('100%')
  }
}
```

启动模拟器，编译并运行项目，效果如图 6-7 所示。

（a）　　　　　　（b）

图 6-7　HTTP 访问网络示例

6.3　Web 组件访问网络

Web 组件用于在应用程序中显示 Web 页面内容，可为开发者提供页面加载、页面交互、页面调试等能力。

6.3.1　Web 组件加载网页

加载页面是 Web 组件的基本功能，根据不同的数据来源，可以将其应用场景分为 3 种，包括加载网络页面、加载本地页面、加载 HTML 格式的富文本数据。

页面加载过程中，若涉及网络资源获取，需要配置 ohos.permission.INTERNET 权限。

【例 6-4】Web 组件加载网页示例，通过点击按钮获取各种页面信息。

实现此示例的思路：利用 Web 组件即可。具体步骤如下。

（1）新建项目 test6d，在配置文件 module.json5 中声明权限：ohos.permission.INTERNET。具体代码参见例 6-3。

（2）在目录 rawfile 下创建 HTML 文件 local.htm，其代码如下。

```
<!DOCTYPE html>
<html>
<style>
    body{background: #FFCCFF;}
</style>
<body>
<p>本地页面内容</p>
</body>
</html>
```

（3）将页面文件 Index.ets 的代码替换成如下代码。

```
//Index.ets
import { webview } from '@kit.ArkWeb';
```

```
@Entry
@Component
struct Index {
  @State message: string = '当前页面: 网络页面';
  controller: webview.WebviewController = new webview.WebviewController();
  build() {
    Column() {
      Button('加载 HTML 格式的富文本')
        .margin(10)
        .onClick(() => {
          try {
            //点击按钮时，通过 loadData()加载 HTML 格式的文本数据
            this.controller.loadData(
              "<html><body bgcolor=\"FFCCFF\">源代码:<pre>富文本内容</pre></body></html>",
              "text/html",
              "UTF-8"
            );
            this.message='当前页面: 富文本';
          } catch (error) {
            this.message='富文本加载错误，代码: '+error.code+', 信息: '+error.message;
          }
        })
      Button('加载本地页面')
        .margin(10)
        .onClick(() => {
          try {
            //点击按钮时，通过 loadUrl()跳转到本地页面（本地页面文件放在应用的 rawfile 目录下）
            this.controller.loadUrl($rawfile("local.htm"));
            this.message='当前页面: 本地页面';
          } catch (error) {
            this.message='本地页面加载错误，代码: '+error.code+', 信息: '+error.message;
          }
        })
      Button('加载网络页面')
        .margin(10)
        .onClick(() => {
          try {
            //点击按钮时，通过 loadUrl()跳转到网络页面
            this.controller.loadUrl('http://www.zidb.com/webdata.php');
            this.message='当前页面: 网络页面';
          } catch (error) {
            this.message='网络页面加载错误，代码: '+error.code+', 信息: '+error.message;
          }
        })
      Text(this.message)
        .fontSize(30)
        .fontWeight(FontWeight.Bold)
```

```
    //组件创建时，加载网络页面
    Web({ src: 'http://www.zi**.com/webdata.php', controller: this.controller })
        .margin(20).width("90%").defaultFontSize(50).minFontSize(40)
    }.height("100%")
  }
}
```

启动模拟器，编译并运行项目，效果如图 6-8 所示。

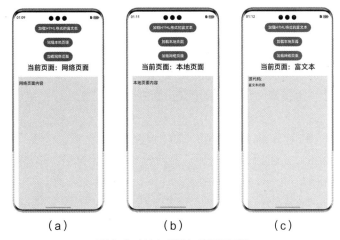

（a）　　　　　　　（b）　　　　　　　（c）

图 6-8　Web 组件加载网页示例

6.3.2　Web 组件交互

Web 组件提供了丰富的页面交互方式，包括设置前端页面深色模式，在新窗口中加载页面、位置权限管理、Cookie 管理，应用侧使用前端页面 JS 等能力。

1. 设置深色模式

设置深色模式有如下两种方法。

（1）通过 darkMode()接口可以配置不同的深色模式，WebDarkMode.Off 表示关闭深色模式。WebDarkMode.On 表示开启深色模式，并且深色模式跟随前端页面。WebDarkMode.Auto 表示开启深色模式，并且深色模式跟随系统。当深色模式开启时，Web 将启用媒体查询 prefers-color-scheme 中网页所定义的深色样式，若网页未定义深色样式，则保持原状。

示例如下。

① 在例 6-4 中页面文件 Index.ets 的代码"build()"前添加如下代码。

```
@State mode: WebDarkMode = WebDarkMode.Auto;
```

② 在页面文件 Index.ets 中给 Web 组件添加如下属性。

```
.darkMode(this.mode)
```

（2）通过 forceDarkAccess()接口可为前端页面强制配置深色模式，且深色模式不跟随前端页面和系统。配置该模式时，需要将深色模式配置成 WebDarkMode.On。注意，强制配置深色模式时无法保证所有颜色转换符合预期。

示例如下。

① 在例 6-4 中页面文件 Index.ets 的代码 "build()" 前添加如下代码。

```
@State mode: WebDarkMode = WebDarkMode.On;
@State access: boolean = true;
```

② 在页面文件 Index.ets 中给 Web 组件添加如下属性。

```
.darkMode(this.mode)
.forceDarkAccess(this.access)
```

启动模拟器，编译并运行该项目，效果如图 6-9 所示。

2. 上传文件

Web 组件支持前端页面选择文件上传功能，应用开发者可以使用 onShowFileSelector() 接口来处理前端页面的文件上传请求。

【例 6-5】Web 组件上传文件示例，展示在页面中通过点击按钮上传文件。

实现此示例的思路：利用 Web 组件即可。具体步骤如下。

（1）新建项目 test6e，在目录 rawfile 下创建 HTML 文件 upload.htm，其代码如下。

图 6-9　使用 Web 组件设置深色模式

```html
<!DOCTYPE html>
<html>
<style>
    body{background: #FFCCFF;}
</style>
<head>
    <meta name="viewport" content="width=device-width,initial-scale=1.0" charset="utf-8">
    <title>文件上传</title>
</head>
<body>
<form id="upload-form" enctype="multipart/form-data">
<input type="file" value="选择上传文件" />
</form>
</body>
</html>
```

（2）将页面文件 Index.ets 的代码替换成如下代码。

```
//Index.ets
import { webview } from '@kit.ArkWeb';
import { BusinessError } from '@kit.BasicServicesKit';
import { picker } from '@kit.CoreFileKit';
@Entry
@Component
struct Index {
  @State message: string = '文件上传';
  controller: webview.WebviewController = new webview.WebviewController();
  @State mode: WebDarkMode = WebDarkMode.On;
  @State access: boolean = true;
  build() {
```

```
Column() {
  Text(this.message).fontSize(30).fontWeight(FontWeight.Bold)
  //加载本地页面
  Web({ src: $rawfile('upload.htm'), controller: this.controller })
    .margin(20).darkMode(this.mode).forceDarkAccess(this.access).width("90%")
    .onShowFileSelector((event) => {
      console.log('文档选择器被调用');
      const documentSelectOptions = new picker.DocumentSelectOptions();
      let uri: string | null = null;
      const documentViewPicker = new picker.DocumentViewPicker();
      documentViewPicker.select(documentSelectOptions).then((result) => {
        uri = result[0];
        console.info('文档选择器选择文件成功, uri 为: ' + uri);
        if (event) {
          event.result.handleFileList([uri]);
        }
      }).catch((err: BusinessError) => {
        console.error(`选择文件失败,代码: ${err.code},信息: ${err.message}`);
      })
      return true;
    })
  }.height("100%")
 }
}
```

启动模拟器,编译并运行项目,效果如图 6-10 所示。

3. Web 组件调用前端页面函数

Web 组件可以通过 runJavaScript()和 runJavaScriptExt()方法调用
前端页面的 JS 相关函数。runJavaScript()和 runJavaScriptExt()方法在
参数类型上有些差异。runJavaScriptExt()方法的入参类型不仅支持 String
还支持 ArrayBuffer(从文件中获取 JS 脚本数据),另外可以通过
AsyncCallback 的方式获取执行结果。

图 6-10 使用 Web 组件
上传文件示例

【例 6-6】Web 组件调用前端页面函数示例,在当前页面中运行另一
个页面的 JS 函数并显示结果。

实现此示例的思路:利用 Web 组件即可。具体步骤如下。

(1)新建项目 test6f,在目录 rawfile 下创建 HTML 文件 js.htm,其代码如下。

```html
<!DOCTYPE html>
<html>
<body>
<script>
    function htmlTest() {
        return "此消息从 js.htm 返回! ";
    }
</script>
</body>
</html>
```

（2）将页面文件 Index.ets 的代码替换成如下代码。

```
//Index.ets
import {webview} from '@kit.ArkWeb';
@Entry
@Component
struct Index {
  @State message: string = 'Web组件调用前端页面函数';
  @State webResult: string = '';
  controller: webview.WebviewController = new webview.WebviewController();
  build() {
    Column() {
      Text(this.message).fontSize(25).fontWeight(FontWeight.Bold)
      Text(this.webResult).fontSize(20).fontWeight(FontWeight.Bold)
      //加载本地页面
      Web({ src: $rawfile('js.htm'), controller: this.controller })
        .javaScriptAccess(true)
        .onPageEnd(e => {
          try {
            this.controller.runJavaScript('htmlTest()',
            (error, result) => {
                if (error) {
                  console.info(`run JavaScript error: ` + JSON.stringify(error))
                  return;
                }
                if (result) {
                  this.webResult = result
                  console.info(`The htmlTest() return value is: ${result}`)
                }
              });
            console.info('url: ', e.url);
          } catch (error) {
            console.error(`ErrorCode: ${error.code}, Message: ${error.message}`);
          }
        })
    }
  }
}
```

启动模拟器，编译并运行项目，效果如图 6-11 所示。

4. 前端页面调用 Web 组件方法

开发者可以使用 Web 组件将应用侧代码注册到前端页面中，注册完成之后，在前端页面中使用注册的对象名称就可以调用应用侧的函数，实现在前端页面中调用应用侧方法。

要注册应用侧代码，可在 Web 组件初始化时使用接口 javaScriptProxy()。另外，在 Web 组件初始化完成后调用也可以使用 registerJavaScriptProxy() 接口来注册，但它需要和 deleteJavaScriptRegister()接口配合使用，防止内存泄露。

图 6-11　使用 Web 组件调用前端页面函数示例

【例 6-7】前端页面调用 Web 组件方法示例。

（1）新建项目 test6g，在目录 rawfile 下创建 HTML 文件 js.htm，其代码如下。

```
<!DOCTYPE html>
<html>
<meta charset="utf-8">
<body>
<button type="button" onclick="htmlTest()">调用 Web 组件中的方法</button>
<p id="demo"></p>
</body>
<script type="text/javascript">
    function htmlTest() {
        let str=objName.test();
        document.getElementById("demo").innerHTML=str;
        console.log('objName.test result:'+ str);
    }
</script>
</html>
```

（2）将页面文件 Index.ets 的代码替换成如下代码。

```
//Index.ets
import { webview } from '@kit.ArkWeb';
class testClass {
  constructor() {}
  test(): string {
    return '这是来自 Web 组件的消息';
  }
}
@Entry
@Component
struct Index {
  @State message: string = '前端页面调用 Web 组件方法';
  controller: webview.WebviewController = new webview.WebviewController();
  @State testObj: testClass = new testClass();//声明需要注册的对象
  build() {
    Column() {
      Text(this.message).fontSize(25).fontWeight(FontWeight.Bold)
      Text(this.webResult).fontSize(20).fontWeight(FontWeight.Bold)
      Web({ src: $rawfile('js.htm'), controller: this.controller })//加载本地页面
        .defaultFontSize(50).minFontSize(40).backgroundColor('#FFCCFF')
        .javaScriptAccess(true)
        .javaScriptProxy({
          object: this.testObj,
          name: "objName",
          methodList: ["test", "toString"],
          controller: this.controller
        })
    }
  }
}
```

启动模拟器，编译并运行项目，效果如图 6-12 所示。

6.3.3 Web 组件调试网页

Web 组件支持使用 DevTools 工具调试前端页面。DevTools 是一个内置于 Chrome 浏览器的 Web 前端开发调试工具，提供了在计算机上调试移动设备前端页面的能力。开发者可以通过 setWebDebuggingAccess()接口开启 Web 组件的前端页面调试能力，利用 DevTools 工具在计算机端调试移动设备上的前端网页。

图 6-12　前端页面调用
Web 组件方法示例

【例 6-8】Web 组件调试网页示例，展示通过模拟器进行网页调试。

实现本例的思路：利用 Web 组件即可，具体步骤如下。

（1）新建项目 test6h，在配置文件 module.json5 中声明权限：ohos.permission.INTERNET。具体代码参见例 6-3。

（2）在页面文件 Index.ets 中开启 Web 调试开关，具体代码如下。

```
//Index.ets
import { webview } from '@kit.ArkWeb';
@Entry
@Component
struct Index {
  controller: webview.WebviewController = new webview.WebviewController();
  aboutToAppear() {
    webview.WebviewController.setWebDebuggingAccess(true); //配置 web 开启调试模式
  }
  build() {
    Column() {
      Web({ src: 'http://www.zidb.com/webdata.php', controller: this.controller })
        .defaultFontSize(50).minFontSize(40)
    }
  }
}
```

（3）开启模拟器，运行项目后立即在计算机命令行执行如下命令（加粗的为命令）。

```
C:\Users\Administrator>hdc shell
$ cat /proc/net/unix | grep devtools
0000000000000000: 00000002 00000000 00010000 0001 01 1541529 @webview_devtools_
remote_29410
$ exit

C:\Users\Administrator>hdc fport tcp:9229 localabstract:webview_devtools_remote_29410
Forwardport result:OK
```

（4）在 Chrome 浏览器地址栏中输入"chrome://inspect/#devices"后回车，在出现的页面中勾选"Discover network targets"复选框，单击"Configure"按钮，在弹出的"Target discovery settings"窗口中添加要监听的本地端口"localhost:9229"，再单击"Done"按钮，如图 6-13 所示。

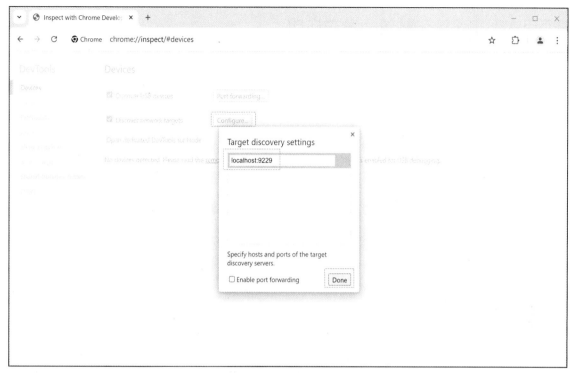

图 6-13　调试工具页面

（5）前面的步骤执行成功后，Chrome 浏览器的调试页面将显示待调试的网页，单击"inspect"
按钮就可以打开调试主窗口进行页面调试了，页面调试效果如图 6-14 所示。

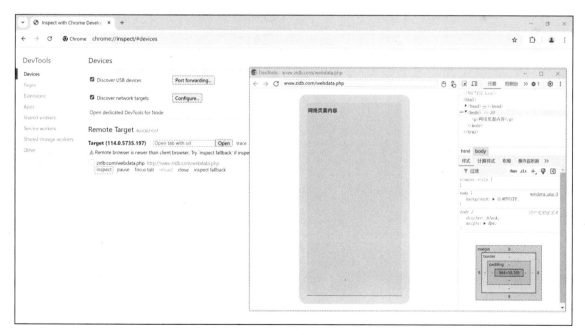

图 6-14　页面调试效果

【项目实现】设计云林新闻发布应用

接到任务后，唐工程师分析了项目要求，把此项目分成两个任务来实现：设计云林新闻发布应用界面和编写云林新闻发布应用代码。同时，规划项目的代码结构如下。

```
├──entry/src/main/ets                          //代码区
│  ├──class
│  │  ├──common
│  │  │  ├──constansts
│  │  │  │  └──Constants.ets                    //常量类
│  │  │  └──utils
│  │  │     ├──FileUtil.ets                     //文件工具类
│  │  │     ├──HttpUtil.ets                     //网络请求
│  │  │     ├──Logger.ets                       //Logger 公共类
│  │  │     └──ToastUtil.ets                    //Toast 弹窗
│  │  ├──view
│  │  │  ├──FailureLayout.ets                   //请求失败布局
│  │  │  ├──LoadingLayout.ets                   //加载中布局
│  │  │  ├──LoadMoreLayout.ets                  //加载更多布局
│  │  │  ├──NewsItem.ets                        //新闻 Item
│  │  │  ├──NewsList.ets                        //新闻列表
│  │  │  ├──NoMoreLayout.ets                    //没有更多数据布局
│  │  │  ├──RefreshLayout.ets                   //下拉刷新布局
│  │  │  └──UploadingLayout.ets                 //上传中布局
│  │  └──viewmodel
│  │     ├──GlobalContext.ets                   //全局变量管理
│  │     ├──NewsData.ets                        //新闻数据
│  │     ├──NewsTypeModel.ets                   //新闻类型
│  │     ├──NewsTypeViewModel.ets               //新闻类型 ViewModel
│  │     ├──NewsViewModel.ets                   //新闻列表 ViewModel
│  │     ├──RefreshListViewModel.ets            //刷新列表 ViewModel
│  │     ├──RefreshLoadingClass.ets             //刷新布局模型
│  │     └──ResponseResult.ets                  //网络请求数据模型
│  ├──entryability
│  │  └──EntryAbility.ets                       //程序入口类
│  ├──entrybackupability
│  │  └──EntryBackupAbility.ets                 //程序备份入口类
│  └──pages
│     ├──MainPage.ets                           //新闻列表主页面
│     └──NewsEditPage.ets                       //新闻发布页面
├──entry/src/main/resources                     //资源文件
│  ├──base/element                              //元素资源
│  │  ├──color.json                             //颜色数据
│  │  ├──float.json                             //浮点型数据
│  │  └──string.json                            //字符串数据
│  └──base/media                                //图片资源
```

任务 6-1　设计云林新闻发布应用界面

1.　任务分析

云林新闻发布应用主界面可以采用 Tabs 组件进行布局，TabBar 展示新闻分类，TabContent 展示新闻列表。

2.　代码实现

（1）新建项目 project6，在配置文件 module.json5 中配置如下权限。

```
"requestPermissions": [
    {
      "name": "ohos.permission.INTERNET",
      "reason": "$string:reason",
      "usedScene": {
        "abilities": [
          "FormAbility"
        ],
        "when": "always",
      }
    }
  ]
```

（2）在类文件 NewsTypeViewModel.ets 中获取新闻类型数据，其部分代码如下，完整代码参见源程序。

```
//NewsTypeViewModel.ets
......
const DEFAULT_NEWS_TYPES: NewsTypeModel[] = [
  new NewsTypeModel(0, $r('app.string.tab_all')),
  new NewsTypeModel(1, $r('app.string.tab_domestic')),
  new NewsTypeModel(2, $r('app.string.tab_international')),
  new NewsTypeModel(3, $r('app.string.tab_fun')),
  new NewsTypeModel(4, $r('app.string.tab_military')),
  new NewsTypeModel(5, $r('app.string.tab_sports')),
  new NewsTypeModel(6, $r('app.string.tab_science'))
];
class NewsTypeViewModel {
  //从服务器获取新闻类型列表
  getNewsTypeList(): Promise<NewsTypeModel[]> {
    return new Promise((resolve: Function) => {
      let url = `${Constants.SERVER}/${Constants.GET_NEWS_TYPE}`;
      httpRequestGet(url).then((data: ResponseResult) => {
        if (data.code === Constants.SERVER_CODE_SUCCESS) {
          resolve(data.data);
        } else {
          resolve(DEFAULT_NEWS_TYPES);
        }
      }).catch(() => {
        resolve(DEFAULT_NEWS_TYPES);
      });
    });
```

```
    }
    //获取默认新闻类型列表
    getDefaultTypeList(): NewsTypeModel[] {
      return DEFAULT_NEWS_TYPES;
    }
  }
  let newsTypeViewModel = new NewsTypeViewModel();
  export default newsTypeViewModel as NewsTypeViewModel;
```

（3）在类文件 NewsList.ets 中获取新闻列表。新闻列表使用 List 组件进行布局，根据数据请求状态来动态渲染界面展示内容。当 Tabs 切换时及时刷新界面数据，并在新闻列表的顶部和底部添加下拉刷新和上拉加载等布局。其部分代码如下，完整代码参见源程序。

```
//NewsList.ets
......
//新闻列表组件
@Component
export default struct NewsList {
  index: number = 0;
  @Watch('changeCategory') @Link currentIndex: number;
  @State refreshStore: RefreshListViewModel = new RefreshListViewModel();

  changeCategory() {
    if (this.currentIndex !== this.index) {
      return;
    }
    this.refreshStore.currentPage = 1;
    NewsViewModel.getNewsList(this.refreshStore.currentPage,
this.refreshStore.pageSize).then((data: NewsData[]) => {
      this.refreshStore.pageState = PageState.Success;
      if (data.length === this.refreshStore.pageSize) {
        this.refreshStore.currentPage++;
        this.refreshStore.hasMore = true;
      } else {
        this.refreshStore.hasMore = false;
      }
      this.refreshStore.newsData = data;
    }).catch((err: string | Resource) => {
      showToast(err);
      this.refreshStore.pageState = PageState.Fail;
    });
  }
  aboutToAppear() {
    //加载数据
    this.changeCategory();
  }
  reloadAction() {
    this.refreshStore.pageState = PageState.Loading;
    this.changeCategory();
  }
  build() {
```

```
    Column() {
      if (this.refreshStore.pageState === PageState.Loading) {
        LoadingLayout()
      } else if (this.refreshStore.pageState === PageState.Success) {
        this.ListLayout()
      } else {
        FailureLayout({ reloadAction: () => {
          this.reloadAction();
        } })
      }
    }
    ......
```

（4）将页面文件 Index.ets 的所有内容替换为如下代码，完整代码参见源程序。

```
//Index.ets
......
@Entry
@Component
struct Index {
  @State tabBarArray: NewsTypeModel[] = NewsTypeViewModel.getDefaultTypeList();
  @State currentIndex: number = 0;
  ......
  aboutToAppear() {
    //获取新闻类型
    NewsTypeViewModel.getNewsTypeList().then((typeList: NewsTypeModel[]) => {
      this.tabBarArray = typeList;
    });
  }
  onPageShow() {
    if (GlobalContext.getContext().getObject('isBackRouter') === true) {
      GlobalContext.getContext().setObject('isBackRouter', false);
      let tempIndex = this.currentIndex;
      this.currentIndex = -1;
      this.currentIndex = tempIndex;
    }
  }

  build() {
Stack() {
    ......
    }
    .width(Constants.FULL_PERCENT)
    .height(Constants.FULL_PERCENT)
    .alignContent(Alignment.BottomEnd)
    .backgroundColor($r('app.color.listColor'))
  }
}
```

3. 运行效果

云林新闻发布应用主界面效果如图 6-15 所示。

任务6-2　编写云林新闻发布应用代码

1. 任务分析

新闻发布界面要能填写新闻主题、新闻内容、选择新闻图片等。界面整体采用 Column 进行纵向布局，顶部是新闻内容填写区域，新闻标题使用单行输入框组件 TextInput，新闻内容使用多行输入框组件 TextArea，新闻图片区域使用一个横向布局的 Scroll 来展示选择多个图片的效果。底部是"发布"按钮，点击"发布"按钮会触发文件上传和新闻发布操作。

2. 代码实现

（1）在类文件 FileUtil.ets 中编写图片选择函数和文件上传函数，以备后用。其部分代码如下，完整代码参见源程序。

图6-15　云林新闻发布应用主界面

```
//FileUtil.ets
......
import { photoAccessHelper } from '@kit.MediaLibraryKit';
//图片视图选择器
export async function fileSelect(): Promise<string> {
  let photoSelectOptions = new photoAccessHelper.PhotoSelectOptions();
  photoSelectOptions.MIMEType = photoAccessHelper.PhotoViewMIMETypes.IMAGE_TYPE;
  photoSelectOptions.maxSelectNumber = 1;
  let photoPicker = new photoAccessHelper.PhotoViewPicker();
  try {
    let photoSelectResult = await photoPicker.select(photoSelectOptions);
    if (photoSelectResult && photoSelectResult.photoUris && photoSelectResult.
photoUris.length > 0) {
      let imgUri = photoSelectResult.photoUris[0];
      Logger.info('Selected Image:',JSON.stringify(imgUri));
      return imgUri;
    } else {
      return '';
    }
  } catch (err) {
    Logger.error('SelectedImage failed', JSON.stringify(err));
    return '';
  }
}

/**
 *上传文件
 *@参数 context 表示应用程序 BaseContext
 *@参数 fileUri 表示文件的本地存储路径
 *@返回 返回 promise
 */
export function fileUpload(context: Context, fileUri: string): Promise<Response
Result> {
```

```
//获取应用程序文件路径
let cacheDir = context.cacheDir;
let imgName = fileUri.split('/').pop();
let dstPath = cacheDir + '/' + imgName;
let url: string = Constants.SERVER + Constants.UPLOAD_FILE;
let uploadRequestOptions: request.UploadConfig = {
  url: url,
  header: {
    'Content-Type': ContentType.FORM
  },
  ......
```

（2）在页面文件 NewsEditPage.ets 中填写新闻标题与新闻内容；单击加号按钮，使用 PhotoViewPicker 选择器从图库里选择一张图片，根据所选图片的 URI，将图片复制到应用缓存文件路径下；点击"发布"按钮，即可发布新闻。其部分代码如下，完整代码参见源程序。

```
//NewsEditPage.ets
......
@Entry
@Component
struct NewsEditPage {
  title: string = '';
  content: string = '';
  @State imageUri: string = '';
  @State isUploading: boolean = false;
selectImage() {
    fileSelect().then((uri: string) => {
      this.imageUri = uri;
    });
  }
  uploadNewsData() {
    ......
  }
  ......
}
```

3. 运行效果

首先运行服务器端代码（在本项目的目录 HttpServerOfNews 下打开命令行工具，执行"npm install"命令安装服务端依赖包，安装成功后执行"npm start"命令运行服务，如果看到"服务器启动成功！"，表示服务端已经在正常运行），然后将上述文件保存并且引入相关的工具类文件及图片、字符串、颜色、布尔值等文件，保存项目，编译后在模拟器上运行，新闻发布界面如图 6-16 所示，云林新闻发布应用项目成功实现。

注意：向鸿蒙系统模拟器中复制图片可以参考如下方法。

（1）执行以下命令，可将图片文件直接发送到模拟器中（加粗的为命令）。

```
Microsoft Windows [版本 10.0.19045.5371]
(c) Microsoft Corporation。保留所有权利。
C:\Users\lixianyun>hdc list targets
127.0.0.1:5555
```

图 6-16　新闻发布界面

```
C:\Users\lixianyun>hdc tconn 127.0.0.1:5555
[Info]Target is connected, repeat operation
C:\Users\lixianyun>hdc file send F:\Huawei\project\project6\91.png /storage/media
/100/local/files/Docs/Download/91.png
FileTransfer finish, Size:337854, File count = 1, time:480ms rate:703.86kB/s
```

（2）在文件系统中找到上面发送的图片，点击图片后选择分享，再点击"保存至图库"按钮，这样图片就会出现在模拟器的"所有图片"中。

【小结及提高】

本项目设计了新闻发布应用。通过学习本项目，读者能够掌握常用的应用安全管理方法、HTTP访问网络方法、Web组件访问网络方法，并能够熟练地结合前面介绍的相关知识来解决实际问题。本项目实用性很强，还可以进一步拓展，如删除新闻、新闻信息修改等。

维护网络安全和国家安全是每一个公民的责任和义务。在数字化时代，网络空间中的威胁和挑战也随之而来。本书强调个人在网络行为中的自律和责任，引导大家树立正确的网络观念，增强网络安全意识，共同维护网络空间的和谐与安全。维护网络安全和国家安全也是维护社会稳定和国家安全的重要一环。网络空间是现实社会的延伸和拓展，网络中的言论、信息和行为都会对社会稳定和国家安全产生影响。因此，需要加强对国家安全观念的教育和宣传并自觉维护国家安全和利益。

【项目实训】

1. 实训要求
综合前面所学的知识实现新闻数据加载程序。
2. 步骤提示
新闻数据加载程序可以按照以下步骤来完成。
（1）提供HTTP数据请求能力。
（2）新闻列表下拉刷新。
（3）新闻列表上拉加载。
效果如图6-17所示。

项目6项目实训
动态效果

图6-17　新闻数据加载程序效果

【习题】

一、填空题
1. 应用安全机制主要包括_____、_____、_____、_____、_____。
2. 应用的APL分别是_____、_____、_____。
3. 用户认证模块提供_____和_____能力。
4. HTTP访问网络功能主要由http模块提供，使用该功能需要申请_____权限。

5. Web 组件用于在应用程序中显示 Web 页面内容, 可为开发者提供_____、
_____、_____等能力。

二、编程题

1. 编写新闻发布应用。

2. 编写新闻数据加载程序。

项目7
云林财务助手应用开发

【项目导入】

　　云林科技为了提升公司员工的个人财务管理能力，将上线一款可以独立使用的财务管理程序，因此需开发一个财务助手应用，公司经理把这个任务交给了技术部汤工程师，并提出应用要有美观的界面，可以方便地进行各种操作；要有扩展性，后期可以方便嵌入公司 App；只需手机就可使用等要求。云林财务助手应用主界面如图 7-1 所示。

图 7-1　云林财务助手应用主界面

【项目分析】

　　完成本项目需要用到用户首选项、关系数据库、分布式数据库等数据管理知识。

【知识目标】
- 了解用户首选项。
- 了解分布式数据库。
- 了解关系数据库。

【能力目标】
- 能够熟练使用用户首选项。
- 能够熟练使用分布式数据库。
- 能够熟练使用关系数据库。

【素养目标】
具有责任担当意识和团结协作精神。

【知识储备】

7.1 用户首选项

用户首选项（Preferences）是数据管理的重要内容之一。

7.1.1 用户首选项概述

用户首选项为应用提供键值（Key-Value）型的数据处理能力，支持应用持久化轻量级数据，并对其进行修改和查询。当用户需要一个全局唯一的存储位置时，可以采用 Preference 进行存储。Preferences 会将数据缓存在内存中，当用户读取的时候，能够快速从内存中获取数据，当需要持久化时，可以使用 flush()接口将内存中的数据写入持久化文件中。Preferences 会使应用占用的内存随着存放的数据量增多而增大，因此，Preferences 不适合存放过多数据，其适用的场景一般为应用保存用户的个性化设置（字体大小、是否开启夜间模式）等。

1. 用户首选项的运作机制

用户程序通过 ArkTS 接口调用用户首选项读写对应的数据文件。开发者可以将用户首选项持久化文件的内容加载到 Preferences 实例中，每个文件唯一对应一个 Preferences 实例，系统会通过静态容器将该实例存储在内存中，直到用户主动从内存中移除该实例或者删除该文件。

用户首选项的持久化文件保存在应用沙箱内部，可以通过 context 获取其路径。

2. 用户首选项的约束限制

用户首选项的约束限制如下。

（1）Key 为 String 类型，要求非空且长度不超过 1024 个字节。

（2）如果 Value 为 String 类型，则可以为空，不为空时长度不超过 16MB。

（3）内存会随着存储数据量的增大而增大，所以存储的数据量应该是轻量级的，建议存储的数据不超过一万条，否则会在内存方面产生较大的开销。

7.1.2 用户首选项开发

用户首选项是保存应用全局数据的重要手段，其重要性不言而喻。

用户首选项的开发步骤如下。

（1）导入用户首选项模块。

```
import dataPreferences from '@ohos.data.preferences';
```

（2）获取用户首选项实例。

使用 getPreferences()方法获取用户首选项实例。

（3）写入数据。

使用 put()方法保存数据到缓存的 Preferences 实例中。写入数据后，如有需要，可使用 flush()方法将 Preferences 实例的数据存储到持久化文件中。

当对应的键已经存在时，put()方法会覆盖其值。如果仅需要在键值对不存在时新增键值对，而不修改已有键值对，需使用 has()方法检查是否存在对应键值对；如果不关心是否会修改已有键值对，则直接使用 put()方法。

（4）读取数据。

使用 get()方法获取数据，即指定键对应的值。如果值为 null 或者非默认值类型，则返回默认数据。

（5）删除数据。

使用 delete()方法删除指定键值对。

（6）保存数据，即数据持久化。

应用将数据存入 Preferences 实例后，可以使用 flush()方法实现数据持久化。

（7）订阅数据变更。

应用订阅数据变更需要指定 observer 作为回调方法。订阅的 Key 值发生变更后，当执行 flush()方法时，observer 被触发回调。示例代码如下所示。

```
let observer = function (key) {
  console.info('The key' + key + 'changed.');
}
preferences.on('change', observer);
//数据产生变更，由'auto'变为'manual'
preferences.put('startup', 'manual', (err) => {
  if (err) {
    console.error(`Failed to put the value of 'startup'. Code:${err.code},
message:${err.message}`);
    return;
  }
  console.info("Succeeded in putting the value of 'startup'.");
  preferences.flush((err) => {
    if (err) {
      console.error(`Failed to flush. Code:${err.code}, message:${err.message}`);
      return;
    }
    console.info('Succeeded in flushing.');
  })
})
```

（8）删除指定文件。

使用 deletePreferences()方法从内存中移除指定文件对应的 Preferences 实例，包括内存中的数据。若该 Preferences 实例存在对应的持久化文件，则同时删除该持久化文件，包括指定文件及其备份文件、损坏文件。

调用 deletePreferences()方法后，应用不允许再使用该 Preferences 实例进行数据操作，否则会出现数据一致性问题。

成功删除后，数据及文件将不可恢复。

示例代码如下所示。

```
try {
  dataPreferences.deletePreferences(this.context, 'mystore', (err, val) => {
    if (err) {
      console.error(`Failed to delete preferences. Code:${err.code}, message:
${err.message}`);
      return;
    }
    console.info('Succeeded in deleting preferences.');
  })
} catch (err) {
  console.error(`Failed to delete preferences. Code:${err.code}, message:
${err.message}`);
}
```

【例 7-1】用户首选项开发示例，展示用户首选项的创建、修改及删除。

实现此示例的思路：利用 preferences 模块以及按钮组件、文本组件即可。具体步骤如下。

（1）新建项目 test7，在目录 ets 下新建目录 class，在其下新建类文件 StartData.ets，其代码如下。

```
//StartData.ets
export default interface StartData{
  name:String;//首选项名称
  value:String;//首选项有效值
  status:number;//状态标志，0 为失效，1 为生效
}
```

（2）在目录 class 下新建类文件 Prefs.ets，其代码如下。

```
//Prefs.ets
import dataPrefes from '@ohos.data.preferences';
import common from '@ohos.app.ability.common';
import { BusinessError } from '@kit.BasicServicesKit';
let context:common.Context = getContext(this) as common.Context;//获取应用上下文
const prefsName = 'prefs.db';
export default class Prefs {
  private prefsFile;
  async getPrefsStore(){//获取用户首选项实例
    console.info("context:"+JSON.stringify(context));
    await dataPrefes.getPreferences(context, prefsName).then((val)=> {
      this.prefsFile = val;
      console.info("成功获取用户首选项实例。");
    }).catch((err) =>{
      console.error("获取用户首选项失败，代码:" + err.code + ", 信息:" + err.message);
    });
  }
```

```
//写入数据并且实现数据持久化
async putPrefs(startkey:string,startdata:string){
  if(this.prefsFile===null){
    await this.getPrefsStore();
  }
  if(this.prefsFile!=null){//写入数据
    await this.prefsFile.put(startkey, startdata, (err) => {
      if (err) {
        console.error(`写入数据失败，代码:${err.code}，信息:${err.message}`);
        return;
      }
      console.info('成功写入数据。');
    })
    await this.prefsFile.flush();//实现数据持久化
  }
}
async getPrefs(startkey:string){ //读取数据
  let startdata:string='';
  if(this.prefsFile===null){
    return '首选项实例不存在！';
  } else {
    await this.prefsFile.get(startkey, '').then((val)=> {
      startdata = val;
      console.info("成功读取数据：关键字='"+startkey+"'，值=" + startdata);
    }).catch((err)=> {
      console.error("读取数据失败，代码=" + err.code + "，信息=" + err.message);
    });
    return startdata;
  }
}
async delPrefs(startkey:String){ //删除数据
  if(this.prefsFile===null){
    await this.getPrefsStore();
  }
  if(this.prefsFile!=null){
    await this.prefsFile.delete(startkey, (err) => {
      if (err) {
        console.error(`删除数据失败，代码:${err.code}，信息: ${err.message}`);
        return;
      }
      console.info(`成功删除数据: ${startkey}.`);
    });
  }
}
async delPrefsFile(){//删除用户首选项实例
  await dataPrefes.deletePreferences(context, prefsName).then( () => {
    console.info('成功删除用户首选项实例');
  }).catch((err)=> {
    console.error(`删除用户首选项实例失败，代码:${err.code},信息:${err.message}`);
  });
```

```
      this.prefsFile=null;
  }
}
```

（3）将页面文件 Index.ets 的代码替换成如下代码。

```
//Index.ets
import StartData from '../class/StartData';
import Prefs from '../class/Prefs';
const prefsKey='startup';
@Entry
@Component
struct Index {
  @State message: string = '用户首选项';
  private prefs=new Prefs();
  async aboutToAppear(){
    await this.prefs.getPrefsStore();
  }
  build() {
    Row() {
      Column() {
        Text(this.message)
          .fontSize(30).fontWeight(FontWeight.Bold)
        Button('添加首选项')
          .fontSize(30).padding(20).margin(5)
          .backgroundColor(Color.Blue)
          .onClick(()=>{
            let newData:StartData={ name: '启动', value: '自动', status: 1 };
            this.prefs.putPrefs(prefsKey,JSON.stringify(newData));
            this.message='添加首选项';
            this.prefs.getPrefs(prefsKey).then(val=>{this.message=val;});
          })
        Button('修改首选项')
          .fontSize(30).padding(20).margin(5)
          .backgroundColor(Color.Blue)
          .onClick(()=>{
            let newData:StartData={ name: '启动', value: '手动', status: 1 };
            this.prefs.putPrefs(prefsKey,JSON.stringify(newData));
            this.message='修改首选项';
            this.prefs.getPrefs(prefsKey).then(val=>{
              this.message=val;});
          })
        Button('删除首选项数据')
          .fontSize(30).padding(20).margin(5)
          .backgroundColor(Color.Blue)
          .onClick(()=>{
            this.prefs.delPrefs(prefsKey);
            this.prefs.getPrefs(prefsKey).then(val=>{
              this.message=val;});
          });
          })
        Button('删除首选项实例')
```

173

```
                    .fontSize(30)
                    .backgroundColor(Color.Blue)
                    .padding(20).margin(5)
                    .onClick(()=>{
                     this.prefs.delPrefsFile();
                     this.prefs.getPrefs(prefsKey).then(val=>{
                       this.message=val;
                       //console.info("Succeeded in getting value of '"+prefsKey+"'-Index'. val: "
+ val);
                     });
                   })

              }.width('100%')
            }.height('100%')
          }
        }
```

启动模拟器，编译并运行项目，效果如图 7-2 所示。

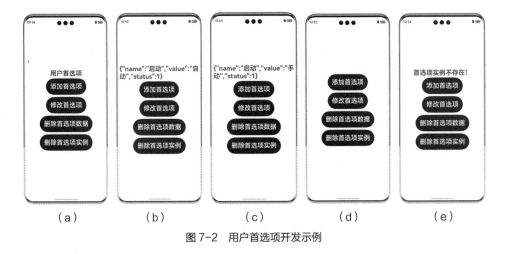

图 7-2 用户首选项开发示例

7.2 关系数据库

关系数据库是常见的也是非常重要的数据管理方式。

7.2.1 关系数据库概述

关系数据库基于 SQLite 组件，适用于存储包含复杂关系数据的场景，例如一个班级的学生信息包括姓名、学号、各科成绩等，由于数据之间有较强的对应关系，复杂程度比键值型数据更高，此时需要使用关系数据库来持久化保存数据。

1. 关系数据库的基本概念

（1）谓词

谓词是数据库中用来代表数据实体的性质、特征或者数据实体之间关系的词项，主要用来定义数据库的操作条件。

（2）结果集

结果集指用户查询之后的结果集合，可以对数据进行访问。结果集提供了灵活的数据访问方式，可以更方便地得到用户想要的数据。

2. 关系数据库的运作机制

关系数据库对应用提供通用的操作接口，底层使用 SQLite 作为持久化存储引擎，支持 SQLite 具有的数据库特性，包括但不限于事务、索引、视图、触发器、外键、参数化查询和预编译 SQL 语句。

3. 关系数据库的约束限制

关系数据库的约束限制如下。

（1）系统默认日志方式是预写日志（Write Ahead Log，WAL）模式，系统默认落盘方式是完整模式（FULL 模式）。

（2）数据库中有 4 个读连接和 1 个写连接，线程获取到空闲读连接时，即可进行读取操作。当没有空闲读连接有空闲写连接时，会将写连接当做读连接来使用。

（3）为保证数据的准确性，数据库同一时间只能支持一个写操作。

（4）应用卸载完成后，设备上的相关数据库文件及临时文件会被自动清除。

（5）为保证插入并读取数据成功，建议一条数据不要超过 2MB。若超过 2MB，即使插入成功，读取也会失败。

7.2.2　关系数据库开发

关系数据库的相关接口大部分为异步接口。异步接口均有 callback 和 Promise 两种返回形式，建议采用 Promise。

关系数据库的开发步骤如下。

（1）使用关系数据库实现数据持久化，需要获取一个 RdbStore。示例代码如下所示。

```
import relationalStore from '@ohos.data.relationalStore'; //导入模块
...
relationalStore.getRdbStore(Context, STORE_CONFIG, (err, store) => {
  if (err) {
    console.error(`Failed to get RdbStore. Code:${err.code}, message:${err.message}`);
    return;
  }
  console.info(`Succeeded in getting RdbStore.`);
  store.executeSql(SQL_CREATE_TABLE); //创建数据表
  //这里执行数据库的增、删、改、查等操作
});
```

其中，参数 Context 为应用上下文，参数 STORE_CONFIG 为与关系数据库存储相关的配置。

应用创建的数据库与其上下文（Context）有关，即使使用同样的数据库名称，不同的应用上下文也会产生多个数据库，如每个 UIAbility 都有各自的上下文。

应用首次获取数据库（调用 getRdbStore()）后，应用沙箱内会产生对应的数据库文件。使用数据库的过程中，可能会在数据库文件所在的目录下产生以-wal 和-shm 结尾的临时文件。此时若

开发者希望移动数据库文件到其他地方，则需要同时移动这些临时文件，应用卸载完成后，其在设备上产生的数据库文件及临时文件也会被清除。

（2）获取 RdbStore 后，调用 insert()接口插入数据。示例代码如下所示。

```
store.insert(table_name, valueBucket, (err, rowId) => {
  if (err) {
    console.error(`Failed  to  insert  data.  Code:${err.code},  message:${err.
message}`);
    return;
  }
  console.info(`Succeeded in inserting data. rowId:${rowId}`);
})
```

关系数据库没有显式的 flush 操作来实现持久化，数据插入后即保存在持久化文件中。

（3）根据谓词指定的实例对象对数据进行修改或删除。示例代码如下所示。

```
//修改数据
let predicates = new relationalStore.RdbPredicates('EMPLOYEE'); //创建表'EMPLOYEE'
的 predicates
predicates.equalTo('NAME', 'Lisa'); //匹配表中'NAME'为'Lisa'的字段
store.update(valueBucket, predicates, (err, rows) => {
  if (err) {
    console.error(`Failed  to  update  data.  Code:${err.code},  message: ${err.
message}`);
    return;
  }
  console.info(`Succeeded in updating data. row count: ${rows}`);
})
//删除数据
let predicates = new relationalStore.RdbPredicates('EMPLOYEE');
predicates.equalTo('NAME', 'Lisa');
store.delete(predicates, (err, rows) => {
  if (err) {
    console.error(`Failed  to  delete  data.  Code:${err.code},  message:${err.
message}`);
    return;
  }
  console.info(`Delete rows: ${rows}`);
})
```

（4）根据谓词指定的查询条件查找数据。示例代码如下所示。

```
let predicates = new relationalStore.RdbPredicates('EMPLOYEE');
predicates.equalTo('NAME', 'Rose');
store.query(predicates, ['ID', 'NAME', 'AGE', 'SALARY', 'CODES'], (err, resultSet)
=> {
  if (err) {
    console.error(`Failed to query data. Code:${err.code}, message:${err.message}`);
    return;
  }
  console.info(`ResultSet column names: ${resultSet.columnNames}`);
  console.info(`ResultSet column count: ${resultSet.columnCount}`);
```

```
  })
```

当应用完成查询数据操作，不再使用结果集（ResultSet）时，请及时调用 close()方法关闭结果集，释放系统为其分配的内存。

（5）删除数据库。示例代码如下所示。

```
relationalStore.deleteRdbStore(this.context, 'RdbTest.db', (err) => {//删除数据库
  if (err) {
    console.error(`Failed to delete RdbStore. Code:${err.code}, message:
${err.message}`);
    return;
  }
  console.info('Succeeded in deleting RdbStore.');
});
```

【例 7-2】关系数据库开发示例，展示一个对象数据的创建、修改和删除。

实现此示例的思路：利用 relationalStore 模块即可。具体步骤如下。

（1）新建项目 test7b，在目录 ets 下新建目录 class，在其下新建类文件 RdbData.ets，其代码如下。

```
//RdbData.ets
export default interface RdbData{
  ID: number;
  NAME: string;//名称
  VALUE: string;//有效值
  STATUS: number;//状态标志，0 为失效，1 为生效
}
```

（2）在目录 class 下新建类文件 RdbUtil.ets，其代码如下。

```
//RdbUtil.ets
import relationalStore from '@ohos.data.relationalStore'; //导入模块
import common from '@ohos.app.ability.common';
import RdbData from './RdbData';
let context:common.Context = getContext(this) as common.Context;//获取应用上下文
export default class RdbUtil{
private RdbStore:relationalStore.RdbStore | null =null;
  private rdbData:string='';
  private CONFIG:relationalStore.StoreConfig = {
    name: 'RdbTest.db', //数据库文件名
    securityLevel: relationalStore.SecurityLevel.S1 //数据库安全级别
  };
  private tableName='RdbTable';
  private SQL = 'CREATE TABLE IF NOT EXISTS RdbTable (' +
  'ID INTEGER PRIMARY KEY AUTOINCREMENT, ' +
  'NAME TEXT NOT NULL, ' +
  'VALUE TEXT, ' +
  'STATUS INTEGER)'; //建表 SQL 语句
getRdbStore(){//创建数据库和表
    console.info(`context`+JSON.stringify(context));
    relationalStore.getRdbStore(context, this.CONFIG, (err, store) => {
      if (err) {
        console.error(创建数据库失效，代码:${err.code},信息: ${err.message}`);
```

```
        return;
      }
      this.RdbStore=store;
      this.RdbStore.executeSql(this.SQL); //创建数据表
      console.info(`Succeeded in getting RdbStore.`);
    });
  }
  async insertRdb(valueBucket:relationalStore.ValuesBucket){//添加数据
    if(this.RdbStore===null){
      this.getRdbStore();
    }
    if(this.RdbStore!=null){
      await this.RdbStore.insert(this.tableName, valueBucket).then((rowId) => {
        console.info(`成功添加数据,rowId:${rowId}`);
      }).catch(err=> {
        console.error(`添加数据失败，代码:${err.code},信息:${err.message}`);
      });
    }
  }
  async getRdb(){//查询数据
    if(this.RdbStore===null){
      return '数据库实例不存在！';
    }
    let predicates = new relationalStore.RdbPredicates(this.tableName);
    await this.RdbStore.query(predicates,['ID', 'NAME', 'VALUE', 'STATUS']).then
( resultSet => {
        console.info(`结果集列名: ${resultSet.columnNames}`);
        console.info('结果集行数: '+JSON.stringify(resultSet.rowCount));
        const results:RdbData[]=[];
        resultSet.goToFirstRow();
        for(let i=0;i<resultSet.rowCount;i++){
        let tmp:RdbData = { ID: 0, NAME: '', VALUE: '', STATUS: 0 };
          tmp.ID=resultSet.getDouble(resultSet.getColumnIndex("ID"));
          tmp.NAME=resultSet.getString(resultSet.getColumnIndex("NAME"));
          tmp.VALUE=resultSet.getString(resultSet.getColumnIndex("VALUE"));
          tmp.STATUS=resultSet.getDouble(resultSet.getColumnIndex("STATUS"));
          results[i]=tmp;
          resultSet.goToNextRow();
        }
  this.rdbData=JSON.stringify(results);
        resultSet.close();
      }).catch((err:BusinessError)=> {
        console.error(`查询失败: 代码=${err.code},信息=${err.message}`);
      });
    return this.rdbData;
  }
  async updateRdb(valueBucket:relationalStore.ValuesBucket){ //更新数据
    if(this.RdbStore!=null){
      //创建表的 predicates
      let predicates = new relationalStore.RdbPredicates(this.tableName);
```

```
        predicates.equalTo('ID', valueBucket.ID); //匹配表中 id 字段
        await this.RdbStore.update(valueBucket, predicates).then(rows => {
          console.info('成功更新数据，影响的行数：${rows}');
        }).catch(err=> {
          console.error('更新数据失败，代码:${err.code},信息： ${err.message}');
        });
      }
    }
    async delRdb(id:number){ //删除数据
      if(this.RdbStore!=null){
        let predicates = new relationalStore.RdbPredicates(this.tableName);
        predicates.equalTo('ID', id);
        await this.RdbStore.delete(predicates).then(rows => {
          console.info('删除数据的行数: ${rows}');
        }).catch(err=> {
          console.error('删除数据失败，代码:${err.code},信息:${err.message}');
        });
      }
    }
    delRdbStore(){//删除数据库
      relationalStore.deleteRdbStore(context, this.CONFIG.name, (err) => {
        if (err) {
          console.error('删除数据库失败，代码:${err.code},信息： ${err.message}');
          return;
        }
        this.RdbStore=null;
        console.info('成功删除数据库');
      });
    }
  }
}
${err.message
    });
  }
  //删除数据
  async delRdb(id:number){
    let predicates = new relationalStore.RdbPredicates(this.tableName);
    predicates.equalTo('ID', id);
    await this.RdbStore.delete(predicates).then(rows => {
      console.info('Delete rows: ${rows}');
    }).catch(err=> `
      console.error(`Failed to delete data. Code:${err.code}, message:${err.message} `);
    });
  }
  //删除数据库
  delRdbStore(){
    relationalStore.deleteRdbStore(context, this.CONFIG.name, (err) => {
      if (err) {
        console.error(`Failed to delete RdbStore. Code:${err.code}, message:
${err.message}`);
        return;
      }
```

```
        this.RdbStore=null;
        hilog.info(0xFEFE, 'JsApp', 'Succeeded in deleting RdbStore. %{public}s', '' ??
'');
        //console.info('Succeeded in deleting RdbStore.');
      });
    }
  }
```

（3）将页面文件 Index.ets 的代码替换成如下代码。

```
//Index.ets
import relationalStore from '@ohos.data.relationalStore';
import RdbUtil from '../class/RdbUtil';
@Entry
@Component
struct Index {
  @State message: string = '关系数据库';
  private RdbUtil=new RdbUtil();
  aboutToAppear(){
    this.RdbUtil.getRdbStore();
  }
  build() {
    Row() {
      Column() {
        Text(this.message).fontSize(30).fontWeight(FontWeight.Bold)
        Button('添加数据')
          .fontSize(30).padding(20).margin(5).backgroundColor(Color.Blue)
          .onClick(()=>{
            let valueBucket: relationalStore.ValuesBucket ={ ID: 1, NAME: '启动', VALUE:
'自动', STATUS: 1 };
            this.RdbUtil.insertRdb(valueBucket);
            this.message='添加数据';
            this.RdbUtil.getRdb().then(val=>{this.message=val;});
          })
        Button('修改数据')
          .fontSize(30).padding(20).margin(5).backgroundColor(Color.Blue)
          .onClick(()=>{
            let valueBucket: relationalStore.ValuesBucket ={ ID: 1, NAME: '启动', VALUE:
'手动', STATUS: 1 };
            this.RdbUtil.updateRdb(valueBucket);
            this.message='修改数据';
            this.RdbUtil.getRdb().then(val=>{this.message=val;});
          })
        Button('删除数据')
          .fontSize(30).padding(20).margin(5).backgroundColor(Color.Blue)
          .onClick(()=>{
            this.RdbUtil.delRdb(1);
            this.RdbUtil.getRdb().then(val=>{this.message=val;});
          })
        Button('删除数据库实例')
          .fontSize(30).backgroundColor(Color.Blue).padding(20).margin(5)
          .onClick(()=>{
            this.RdbUtil.delRdbStore()
```

```
            this.RdbUtil.getRdb().then(val=>{this.message=val;});
        })
    }.width('100%')
  }.height('100%')
  }
}
```

启动模拟器，编译并运行项目，效果如图 7-3 所示。

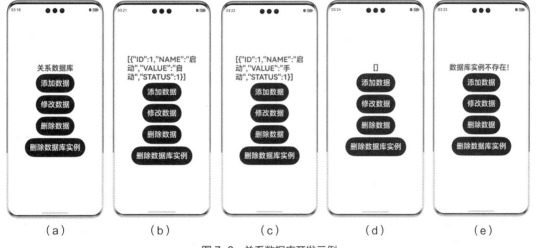

图 7-3　关系数据库开发示例

7.3　分布式数据库

分布式数据库（Distributed Database）既是重要的数据管理方式，也是鸿蒙系统的重要特性之一。

7.3.1　分布式数据库概述

分布式数据库可以在多个节点上存储和管理数据，提供高可用性、高可靠性和高性能的数据访问能力。

1. 分布式数据库的特点

（1）分布式存储。

数据在多个节点上分布存储，以实现负载均衡和水平扩展。

（2）数据同步。

节点之间通过网络进行数据同步，确保数据在多个节点之间的一致性。

（3）高可用性和高可靠性。

通过数据复制、容错和故障恢复机制，确保数据的高可用性和高可靠性。

（4）高性能。

提供高效的数据查询和检索能力，支持分布式事务和一致性哈希等技术。

2．分布式数据库的模式

分布式数据库的模式主要有以下两种。

（1）单版本分布式数据库

单版本分布式数据库是指数据在本地以单个键值对（Key-Value）的形式保存，每个 Key 最多保存一个条目项。当数据在本地被用户修改时，直接在这个条目上进行修改，并按照写入或更改的顺序将最新的修改逐条同步至远端设备。

（2）设备协同分布式数据库

设备协同分布式数据库建立在单版本分布式数据库之上，通过在 Key 前面拼接本设备的 DeviceID，确保每个设备产生的数据严格隔离。它支持以设备的维度查询分布式数据，但不支持修改远端设备同步过来的数据。

3．分布式数据库的约束限制

分布式数据库的约束限制如下。

（1）对于设备协同分布式数据库，针对每条记录，Key 的长度小于等于 896Byte，Value 的长度小于 4MB。

（2）对于单版本分布式数据库，针对每条记录，Key 的长度小于等于 1KB，Value 的长度小于 4MB。

（3）每个应用程序最多支持同时打开 16 个键值型分布式数据库。

（4）键值型分布式数据库的事件回调方法中不允许进行阻塞操作，如修改 UI 组件。

7.3.2　分布式数据库开发

分布式数据库的相关接口大部分为异步接口。异步接口均有 callback 和 Promise 两种返回形式，建议采用 Promise。

分布式数据库的开发步骤如下。

（1）若要使用分布式数据库，需要先获取一个 KVManager 实例，用于管理数据库对象。

（2）创建并获取分布式数据库。

（3）调用 put()方法向分布式数据库中插入数据。当 Key 存在时，put()方法会修改其值，否则新增一条数据。

（4）调用 get()方法获取指定键的值。

（5）调用 delete()方法删除指定键值的数据。

（6）调用 deleteKVStore()方法删除分布式数据库。

【例 7-3】分布式数据库开发示例，展示一个对象数据的创建、修改和删除。

实现此示例的思路：利用 distributedKVStore 模块即可。具体步骤如下。

（1）新建项目 test7c，在目录 ets 下新建目录 class，在其下新建类文件 KVData.ets，其代码如下。

```
//KVData.ets
export default interface KVData{
  KEY: string;//键
  VALUE: string;//值
}
```

（2）在目录 class 下新建类文件 DistributedDB.ets，其代码如下。

```
//DistributedDB.ets
import distributedKVStore from '@ohos.data.distributedKVStore';
import common from '@ohos.app.ability.common';
import KVData from './KVData';
import { BusinessError } from '@kit.BasicServicesKit';
let context:common.Context = getContext(this) as common.Context;//获取应用上下文
export default class DistributedDB{
  private kvManager: distributedKVStore.KVManager | null = null;
  private kvStore: distributedKVStore.SingleKVStore | null = null;
  private CONFIG: distributedKVStore.KVManagerConfig = {
    context: context,
    bundleName: 'com.zidb.test'
  };
  getKVStore(){//创建分布式数据库
    //创建 KVManager 实例
    this.kvManager = distributedKVStore.createKVManager(this.CONFIG);
    console.info('成功创建分布式数据库实例');
    const options: distributedKVStore.Options = {
      createIfMissing: true, //当数据库文件不存在时是否创建数据库，默认创建
      encrypt: false, //设置数据库文件是否加密，默认不加密
      backup: false, //设置数据库文件是否备份，默认备份
      kvStoreType: distributedKVStore.KVStoreType.SINGLE_VERSION, /* 设置要创建的数据
库类型，默认为多设备协同数据库 */
      securityLevel: distributedKVStore.SecurityLevel.S2 //设置数据库安全级别
    };
    //storeId 为数据库唯一标识符
    this.kvManager.getKVStore('storeId', options, (err, kvStore: distributedKVStore.
SingleKVStore) => {
      if (err) {
        console.error(`创建分布式数据库失败，代码:${err.code},信息: ${err.message}`);
        return;
      }
      this.kvStore=kvStore;
      console.info('成功创建分布式数据库');
    });
  }
  async putKVData(kvData:KVData){ //添加或修改数据
    if(this.kvStore===null){
      this.getKVStore();
    }
    if(this.kvStore!=null){
      await this.kvStore.put(kvData.KEY, kvData.VALUE).then(() => {
        console.info(`成功添加或修改数据`);
      }).catch((err) => {
        console.error(`添加或修改数据失败，代码: ${err.code},信息: ${err.message}`);
      });
    }
```

```
  }
  async getKVData(KEY:string){ //查询数据
    if(this.kvStore===null){
      return '数据库实例不存在！';
    }
    let kvData='';
    await this.kvStore.get(KEY).then((data) => {
      if(data){
        kvData='{"'+KEY+'": "'+data+'"}';
      } else {
        kvData='';
      }
      console.info(`成功查询数据: ${kvData}`);
    }).catch((err:BusinessError) => {
      console.error(`查询数据失败，代码: ${err.code},信息: ${err.message}`);
    });
    return kvData;
  }
  async delKVData(KEY:string){ //删除数据
    if(this.kvStore!=null){
      await this.kvStore.delete(KEY).then(() => {
        console.info('成功删除数据');
      }).catch((err) => {
        console.error(`删除数据失败，代码: ${err.code},信息: ${err.message}`);
      });
    }
  }
  delKVStore(){//删除数据库
    if(this.kvManager!=null){
      this.kvManager.deleteKVStore('appId', 'storeId').then(() => {
        console.info('成功删除数据库');
      }).catch((err) => {
        console.error(`删除数据库失败，代码: ${err.code},信息: ${err.message}`);
      });
      this.kvStore=null;
    }
  }
}
```

（3）将页面 Index.ets 的代码替换成如下代码。

```
//Index.ets
import KVData from '../class/KVData';
import DistributedDB from '../class/DistributedDB';
@Entry
@Component
struct Index {
  @State message: string = '分布式数据库';
  private DistributedDB=new DistributedDB();
  aboutToAppear(){
```

```
        this.DistributedDB.getKVStore();
    }
    build() {
        Row() {
            Column() {
                Text(this.message).fontSize(30).fontWeight(FontWeight.Bold)
                Button('添加数据')
                    .fontSize(30).backgroundColor(Color.Blue).padding(20).margin(5)
                    .onClick(()=>{
                        let kvData:KVData={ KEY: '启动', VALUE: '自动'};
                        this.DistributedDB.putKVData(kvData);
                        this.message='添加数据';
                        this.DistributedDB.getKVData(kvData.KEY).then(val=>{
                            this.message=val;
                    })
                Button('修改数据')
                    .fontSize(30).backgroundColor(Color.Blue).padding(20).margin(5)
                    .onClick(()=>{
                        let kvData:KVData={ KEY: '启动', VALUE: '手动'};
                        this.DistributedDB.putKVData(kvData);
                        this.message='修改数据';
                        this.DistributedDB.getKVData(kvData.KEY).then(val=>{
                            this.message=val;
                        });
                    })
                Button('删除数据')
                    .fontSize(30).backgroundColor(Color.Blue).padding(20).margin(5)
                    .onClick(()=>{
                        let kvData:KVData={ KEY: '启动', VALUE: ''};
                        this.DistributedDB.delKVData(kvData.KEY);
                        this.DistributedDB.getKVData(kvData.KEY).then(val=>{
                            this.message=val;
                        });
                    })
                Button('删除数据库实例')
                    .fontSize(30).backgroundColor(Color.Blue).padding(20).margin(5)
                    .onClick(()=>{
                        let kvData:KVData={ KEY: '启动', VALUE: ''};
                        this.DistributedDB.delKVStore();
                        this.DistributedDB.getKVData(kvData.KEY).then(val=>{
                            this.message=val;
                        });
                    })
            }.width('100%')
        }.height('100%')
    }
}
```

启动模拟器，编译并运行项目，效果如图 7-4 所示。

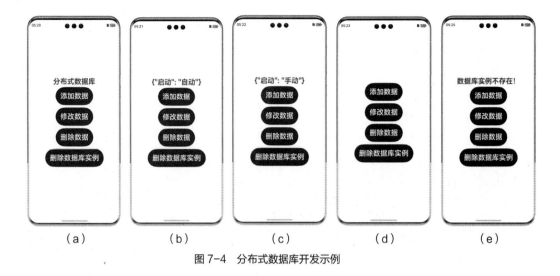

图 7-4　分布式数据库开发示例

【项目实现】云林财务助手应用开发

接到任务后，汤工程师分析了项目要求，把此项目分成两个任务来实现：设计云林财务助手应用界面和编写云林财务助手应用代码。同时，规划项目的代码结构如下。

```
├──entry/src/main/ets              //代码区
│   ├──class
│   │   ├──common
│   │   │   ├──constants
│   │   │   │   └──CommonConstants.ets    //公共常量
│   │   │   ├──database
│   │   │   │   ├──tables
│   │   │   │   │   └──AccountTable.ets    //账目数据表
│   │   │   │   └──Rdb.ets                 //RDB 数据库
│   │   │   └──utils                       //日志类
│   │   │       └──Logger.ets
│   │   ├──view
│   │   │   └──DialogComponent.ets         //自定义弹窗
│   │   └──viewmodel
│   │       ├──AccountData.ets             //账目类接口
│   │       ├──AccountItem.ets             //账目资源类接口
│   │       ├──AccountList.ets             //账目类型 model
│   │       └──ConstantsInterface.ets      //公共常量类接口
│   ├──entryability
│   │   └──EntryAbility.ets                //程序入口类
│   ├──entrybackupability
│   │   └──EntryBackupAbility.ets          //程序备份入口类
│   ├──pages
│   │   └──Index.ets                       //应用首页
└──entry/src/main/resources        //资源文件夹
    ├──base/element                        //元素资源
```

```
|    ├────color.json              //颜色数据
|    ├────float.json              //浮点型数据
|    └────string.json             //字符串数据
└────base/media                   //图片资源
```

任务 7-1 设计云林财务助手应用界面

1. 任务分析

云林财务助手应用主界面可以采用 Stack 组件进行布局，使用 Search 组件创建搜索栏，使用 List 组件展示账目清单，使用 Image 组件设置正下方的添加按钮及删除按钮。

2. 代码实现

（1）新建项目 project7，在类文件 AccountTable.ets 中获取财务详细数据，其部分代码如下，完整代码参见源程序。

```
//AccountTable.ets
......
export default class AccountTable {
  ......
  query(amount: number, callback: Function, isAll: boolean = true) {
    let predicates = new relationalStore.RdbPredicates (CommonConstants.
ACCOUNT_TABLE.tableName);
    if (!isAll) {
      predicates.equalTo('amount', amount);
    }
    this.accountTable.query(predicates, (resultSet: relationalStore.ResultSet) => {
      let count: number = resultSet.rowCount;
      if (count === 0 || typeof count === 'string') {
        console.log(`${CommonConstants.TABLE_TAG}` + 'Query no results!');
        callback([]);
      } else {
        resultSet.goToFirstRow();
        const result: AccountData[] = [];
        for (let i = 0; i < count; i++) {
          let tmp: AccountData = {
            id: 0, accountType: 0, typeText: '', amount: 0
          };
          tmp.id = resultSet.getDouble(resultSet.getColumnIndex('id'));
          tmp.accountType = resultSet.getDouble(resultSet.getColumnIndex('accountType'));
          tmp.typeText = resultSet.getString(resultSet.getColumnIndex('typeText'));
          tmp.amount = resultSet.getDouble(resultSet.getColumnIndex('amount'));
          result[i] = tmp;
          resultSet.goToNextRow();
        }
        callback(result);
      }
    });
  }
}
```

（2）将页面文件 Index.ets 的所有内容替换为如下代码，完整代码参见源程序。

```
//Index.ets
......
@Entry
@Component
struct Index {
  @State accounts: Array<AccountData> = [];
  @State searchText: string = '';
  @State isEdit: boolean = false;
  @State isInsert: boolean = false;
  @State newAccount: AccountData = { id: 0, accountType: 0, typeText: '', amount: 0 };
  @State index: number = -1;
  private AccountTable = new AccountTable(() => {});
  private deleteList: Array<AccountData> = [];
  searchController: SearchController = new SearchController();
  dialogController: CustomDialogController = new CustomDialogController({
    builder: DialogComponent({
      isInsert: $isInsert,
      newAccount: $newAccount,
      confirm: (isInsert: boolean, newAccount: AccountData) => this.accept(isInsert,
newAccount)
    }),
    customStyle: true,
    alignment: DialogAlignment.Bottom
  });
  accept(isInsert: boolean, newAccount: AccountData): void {
    if (isInsert) {
      Logger.info(`${CommonConstants.INDEX_TAG}`, `The account inserted is: ${JSON.
stringify(newAccount)}`);
      this.AccountTable.insertData(newAccount, (id: number) => {
        newAccount.id = id;
        this.accounts.push(newAccount);
      });
    } else {
      this.AccountTable.updateData(newAccount, () => {
      });
      let list = this.accounts;
      this.accounts = [];
      list[this.index] = newAccount;
      this.accounts = list;
      this.index = -1;
    }
  }
  aboutToAppear() {
    this.AccountTable.getRdbStore(() => {
      this.AccountTable.query(0, (result: AccountData[]) => {
        this.accounts = result;
      }, true);
    });
  }
  ......
```

```
}
```

3. 运行效果

云林财务助手应用主界面效果如图 7-5 所示。

任务 7-2　编写云林财务助手应用代码

1. 任务分析

云林财务助手个人账务发布界面要能够填写账目类别和账目金额等内容。界面整体采用 Tabs 组件布局，包括可供选择的账目类型和账目的具体类别、用于输入账目金额数字的输入框及"确定"按钮。

2. 代码实现

（1）在类文件 AccountData.ets 中定义财务数据表，以备后用。

图 7-5　云林财务助手应用
主界面效果

```
//AccountData.ets
export default class AccountData {
  id: number = -1; //主键
  accountType: number = 0; //类型，0 为支出，1 为收入
  typeText: string = ''; //具体类别，包括吃饭、汽车加油、旅游、娱乐等
  amount: number = 0; //金额
}
```

（2）在类文件 Rdb.ets 中封装对数据表的操作，其部分代码如下，完整代码参见源程序。

```
//Rdb.ets
import relationalStore from '@ohos.data.relationalStore';
import CommonConstants from '../constants/CommonConstants';
import Logger from '../utils/Logger';
export default class Rdb {
  private rdbStore: relationalStore.RdbStore | null = null;
  private tableName: string;
  private sqlCreateTable: string;
  private columns: Array<string>;
  constructor(tableName: string, sqlCreateTable: string, columns: Array<string>) {
    this.tableName = tableName;
    this.sqlCreateTable = sqlCreateTable;
    this.columns = columns;
  }
  getRdbStore(callback: Function = () => {
  }) {
    if (!callback || typeof callback === 'undefined' || callback === undefined) {
      Logger.info(CommonConstants.RDB_TAG, 'getRdbStore() has no callback!');
      return;
    }
    if (this.rdbStore !== null) {
      Logger.info(CommonConstants.RDB_TAG, 'The rdbStore exists.');
      callback();
      return
    }
    let context: Context = getContext(this) as Context;
    relationalStore.getRdbStore(context, CommonConstants.STORE_CONFIG, (err, rdb)
```

```
=> {
      if (err) {
        Logger.error(CommonConstants.RDB_TAG, `gerRdbStore() failed, err: ${err}`);
        return;
      }
      this.rdbStore = rdb;
      this.rdbStore.executeSql(this.sqlCreateTable);
      Logger.info(CommonConstants.RDB_TAG, 'getRdbStore() finished.');
      callback();
    });
  }
  ......
}
```

（3）在类文件 DialogComponent.ets 中自定义弹窗，其部分代码如下，完整代码参见源程序。

```
//DialogComponent.ets
import prompt from '@ohos.promptAction';
import AccountData from '../viewmodel/AccountData';
import AccountItem from '../viewmodel/AccountItem';
import CommonConstants from '../common/constants/CommonConstants';
import { PayList, EarnList } from '../viewmodel/AccountList';
@CustomDialog
export struct DialogComponent {
  controller?: CustomDialogController;
  @Link isInsert: boolean;
  @Link newAccount: AccountData;
  confirm?: (isInsert: boolean, newAccount: AccountData) => void;
  private scroller: Scroller = new Scroller();
  private inputAmount = '';
  @State payList: Array<AccountItem> = PayList;
  @State earnList: Array<AccountItem> = EarnList;
  @State bgColor: string = '';
  @State curIndex: number = 0;
  @State curType: string = '';
......
  build() {
    Column() {
      Image($rawfile('half.png'))
        .width($r('app.float.component_size_L'))
        .height($r('app.float.component_size_S'))
        .onClick(() => {
          this.controller?.close();
        })
      Tabs({ barPosition: BarPosition.Start, index: this.curIndex }) {
        ......
      }
      .width(CommonConstants.FULL_WIDTH)
      .height(CommonConstants.TABS_HEIGHT)
      .vertical(false)
      .barMode(BarMode.Fixed)
      .onChange((index) => {
```

```
      this.curIndex = index;
    })
  Column() {
    Text($r('app.string.count_text'))
      .width(CommonConstants.FULL_WIDTH)
      .fontSize($r('app.float.font_size_MP'))
      .fontColor(Color.Black)
    Column() {
      TextInput({
        placeholder: $r('app.string.input_text'),
        text: this.newAccount.amount === 0 ? this.inputAmount : this.newAccount.
amount.toString()
      })
        .padding({ left: CommonConstants.MINIMUM_SIZE })
        .borderRadius(CommonConstants.MINIMUM_SIZE)
        .backgroundColor(Color.White)
        .type(InputType.Number)
        .onChange((value: string) => {
          this.inputAmount = value;
        })
    }
    .height($r('app.float.component_size_MP'))/* 此项若小于 60vp，则可能在输入框中的
文字显示不全 */
    .padding({ top: $r('app.float.edge_size_MPM'), bottom: $r('app.float. edge_
size_MM') })
    .borderWidth({ bottom: CommonConstants.FULL_SIZE })
    .borderColor($r('app.color.border_color'))
  }
  .width(CommonConstants.FULL_WIDTH)
  .padding({ left: $r('app.float.edge_size_M'), right: $r('app.float.edge_
size_M') })
  Column() {
    ......
  }
  .layoutWeight(CommonConstants.FULL_SIZE)
  .padding({
    bottom: $r('app.float.font_size_L'),
    left: $r('app.float.font_size_L'),
    right: $r('app.float.font_size_L')
  })
  .justifyContent(FlexAlign.End)
}
.width(CommonConstants.FULL_WIDTH)
.height(CommonConstants.DIALOG_HEIGHT)
.borderRadius({ topLeft: $r('app.float.font_size_L'), topRight: $r('app.float.
font_size_L') })
.backgroundColor(Color.White)
.align(Alignment.BottomEnd)
  }
}
```

191

3. 运行效果

将上述文件保存，并且引入相关的工具类文件及图片、字符串、颜色、布尔值等文件，保存项目，编译后在模拟器上运行，效果如图 7-6 所示，云林财务助手应用成功实现。

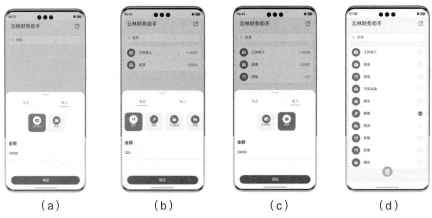

图 7-6　云林财务助手账目添加、修改与删除

【小结及提高】

本项目设计了云林财务助手应用。通过学习本项目，读者能够掌握常用的用户首选项、关系数据库、分布式数据库，能够熟练地结合前面介绍的相关知识来解决实际问题。本项目实用性很强，还可以进一步拓展，如财务数据分页、分类统计等。

引导学生认识到自己的社会角色和责任，明确自己的使命和目标，从而树立起强烈的责任担当意识。这种意识不仅体现在对自己的要求上，更体现在对社会、对国家的贡献上。鼓励学生勇于面对困难和挑战，敢于承担责任，不畏艰难，勇往直前。合作是团结协作精神的核心，鼓励学生学会与他人合作，相互支持、相互帮助，共同完成任务和目标。这种合作不仅有助于提高工作效率和质量，更有助于培养个人的团队协作能力和社交能力。

【项目实训】

1. 实训要求

综合前面所学的知识实现分布式通讯录程序。

2. 步骤提示

分布式通讯录程序可以按照以下步骤实现。

（1）设计通讯录界面。

（2）设计联系人详情界面。

（3）设计批量删除界面。

（4）设计新增与编辑界面。

（5）通过键值型分布式数据库实现跨端设备间的数据同步功能。

分布式通讯录程序效果如图 7-7 所示。

项目 7 项目实训
动态效果

图 7-7　分布式通讯录程序效果

【习题】

一、填空题

1. 用户首选项的 Key 为_____类型，要求非空且长度不超过_____个字节。
2. 用户首选项的 Value 为 String 类型时长度不超过_____MB。
3. 关系数据库基于_____组件，适用于_____的场景。
4. 为保证数据的准确性，关系数据库同一时间只能支持_____个写操作。
5. 分布式数据库的特点有_____、_____、_____、_____。

二、编程题

1. 编程实现云林财务助手应用。
2. 编程实现分布式通讯录程序。

项目8

云林商城应用开发

08

【项目导入】

云林科技为了加强公司营销能力，将上线一款可以独立使用的销售类应用程序，因此需开发一个云林商城应用，公司经理把这个任务交给了技术部的黎工程师，并提出应用要有美观的界面，可以方便地进行各种操作；要有扩展性，后期可以方便嵌入公司 App；普通手机、折叠屏手机、平板电脑都可使用等要求。云林商城应用主界面如图 8-1 所示。

  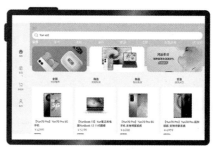

（a）普通手机效果　（b）折叠屏手机效果　　　　　（c）平板电脑效果

图 8-1　云林商城应用主界面

【项目分析】

完成本项目需要用到元服务、服务卡片、分布式应用开发、人工智能服务等知识。

【知识目标】

- 了解元服务。
- 了解分布式应用开发。

- 了解服务卡片。
- 了解人工智能服务。

【能力目标】

- 能够熟练使用元服务。
- 能够熟练使用分布式应用开发。
- 能够综合上述能力及相关能力解决问题。

- 能够熟练使用服务卡片。
- 能够熟练使用人工智能服务来提升用户体验。

【素养目标】

具有创新意识、创新精神和创新方法。

【知识储备】

8.1 元服务

在万物互联时代，设备种类和使用场景更加多样，使得应用开发、应用入口变得更加复杂。在此背景下，应用提供方和用户迫切需要一种新的服务提供方式，使应用开发更简单、服务（如听音乐、打车等）的获取和使用更便捷。为此，鸿蒙系统除支持传统的需要安装的应用（以下简称传统应用）外，还支持更加方便快捷的免安装的应用，即元服务。

8.1.1 元服务概述

元服务是鸿蒙系统提供的一种轻量应用程序形态，可以独立上架、分发、运行，独立实现业务闭环，大幅提高信息与服务的获取效率。

在鸿蒙应用中，元服务和传统应用可以选择图标作为入口，也可以选择服务卡片作为入口。

1. 元服务程序包

元服务的程序包结构与传统应用程序包相同，也是以应用程序包的形式发布到应用市场。但相对于需要安装的应用，元服务更加轻量、便捷，其程序包也具备一些独有特征，如免安装、分包、预加载、老化。

（1）免安装

免安装是指无须通过应用市场显式安装，用户点击元服务后，由系统程序框架后台安装后即可使用。

（2）分包

鸿蒙系统每个应用程序包（以.app 为扩展名）可以包含多个包文件（以.hap 为扩展名的 HAP 或以.hsp 为扩展名的 HSP）。元服务在此基础上进一步限制每个 HAP 或 HSP（含其依赖的所有共享包）的大小，以实现快速启动体验，元服务的这种多包开发方案称为"分包"。

（3）预加载

开发者可以通过配置预加载，由系统自动下载和安装可能需要的分包模块，从而提高进入后续模块的速度。

对于配置了预加载的分包模块，点击进入该模块并完成页面加载后，将触发关联模块的预加载。

（4）老化

系统会按照一定的策略清理不活跃的元服务，释放空间，这个过程称为"老化"。

2. 元服务程序包更新机制

元服务在重新加载启动时（首次打开或销毁后被用户再次打开），会异步检查是否有更新版本。如果发现新版本，将会异步下载新版本的程序包。但当次启动仍会使用客户端本地的旧版本程序，新版本的元服务将在下一次重新加载启动时使用。

8.1.2　元服务开发

元服务开发流程如下。

1. 开发前

创建元服务前需要做如下准备。

（1）注册华为开发者账号并且完成实名认证。

（2）登录华为应用一站式服务平台（AppGallery Connect），创建元服务，获取应用程序标识（AppID）。

（3）创建元服务工程

打开 DevEco Studio，在菜单栏中选择"文件"→"新建"→"新建项目"命令，在弹出的对话框中先选中"Atomic Service"，选择模板"Empty Ability"，单击"Next"按钮后进入"Associate Your CloundDev Resources"界面，单击"Sign In"按钮进入网页登录后单击"允许"按钮，完成访问账号授权，返回 DevEco 界面，DevEco 自动读取前面设置的 AppID，再单击"Next"按钮，配置项目名称（如"zidbcard"），再单击"Finish"按钮。

2. 开发中

元服务包含生成元服务图标、构建元服务页面和新建元服务卡片 3 个部分。

（1）生成元服务图标

选中在工程中的模块或文件并右击，在弹出的快捷菜单中选择"新建"→"Image Asset"命令，进入图标配置页面，在 Path 中选择自己制作的、1024×1024px 的、不透明的 PNG 图片，单击"Finish"按钮即可自动生成元服务图标 startIcon.png。

（2）构建元服务页面

可以使用文本组件、按钮组件等构建元服务页面。在创建元服务工程时已经创建了元服务的默认页面文件 Index.ets，可以按需修改其代码。

（3）新建元服务卡片

选中工程中的目录 entry 并右击，在弹出的快捷菜单中选择"新建"→"Service Widget"→"Dynamic Widget"命令，进入卡片模板选择界面，卡片模板保持默认选择，单击"Next"按钮，进入卡片配置页面，卡片配置信息保持默认设置，单击"Finish"按钮完成创建元服务默认卡片的文件 WidgetCard.ets。

3. 打包

可通过 DevEco Studio 快速打包生成发布版本，此版本可以用于开放式测试或提交上架审核。

4. 测试

在正式发布元服务前，可先发布一个开放式测试版本，邀请部分用户提前体验新版本，并收集用户的反馈，以便提前发现问题并进行修改，从而保证全网版本的质量，提升用户体验。

5. 上架

元服务经过全面测试，确保版本没有问题后，即可发布正式版本。

【例 8-1】元服务开发示例，展示一个元服务的创建并进行相关设置。

实现此示例的思路：利用开发工具 DevEco Studio 及 Stack 组件即可。具体步骤如下。

（1）打开 DevEco Studio，在菜单栏中选择"文件"→"新建"→"新建项目"命令，在弹出的对话框中先选中"Atomic Service"，选择模板"Empty Ability"，单击"Next"按钮后，进入"Associate Your CloundDev Resources"界面，单击"Guest Mode"按钮后，配置项目名称为"zidbcard"、包名为"com.zidb.zidbcard"，再单击"Finish"按钮。

（2）将页面文件 Index.ets 的代码替换成如下代码。

```
@Entry
@Component
struct Index {
  @State message: string = '元服务主界面'
  build() {
    Row() {
      Column() {
        Text(this.message).fontSize(50).fontWeight(FontWeight.Bold)
      }.width('100%')
    }.height('100%')
  }
}
```

（3）将制作的图片生成为元服务图标，新建元服务卡片默认页面文件 WidgetCard.ets，将其代码替换成如下代码。

```
@Entry
@Component
struct WidgetCard {
  readonly MAX_LINES: number = 1; //最大线条
  readonly ACTION_TYPE: string = 'router'; //动作类型
  readonly MESSAGE: string = 'add detail'; //消息
  readonly ABILITY_NAME: string = 'EntryAbility'; //能力名称
  readonly FULL_WIDTH_PERCENT: string = '100%'; //宽度百分比设置
  readonly FULL_HEIGHT_PERCENT: string = '100%'; //高度百分比设置
  build() {
    Stack() {
      Image($r("app.media.startIcon"))//将制作的 startIcon.png 生成为无服务图标
        .width(this.FULL_WIDTH_PERCENT)
        .height(this.FULL_HEIGHT_PERCENT)
        .objectFit(ImageFit.Cover)
      Column() {
        Text('点击进入元服务') //$r('app.string.title_immersive')
          .fontSize($r('app.float.title_immersive_font_size'))
          .textOverflow({ overflow: TextOverflow.Ellipsis })
          .fontColor('#0000FF')
          .maxLines(this.MAX_LINES)
      }
      .width(this.FULL_WIDTH_PERCENT)
      .height(this.FULL_HEIGHT_PERCENT)
      .alignItems(HorizontalAlign.Start)
      .justifyContent(FlexAlign.End)
      .padding($r('12vp'))
```

```
    }
    .width(this.FULL_WIDTH_PERCENT)
    .height(this.FULL_HEIGHT_PERCENT)
    .onClick(() => {
     postCardAction(this, {
       "action": this.ACTION_TYPE,
       "abilityName": this.ABILITY_NAME,
       "params": {
         "message": this.MESSAGE
       }
     });
    })
  }}
```

（4）运行元服务

可以通过模拟器、真机或者预览器运行元服务，其效果如图 8-2 所示。

图 8-2　元服务示例

8.2　服务卡片

服务卡片通常比应用图标大，且内容可动态变化，用户可以通过点击服务卡片获取相关信息或执行相关操作。

8.2.1　服务卡片概述

服务卡片是一种界面展示形式，可以将应用的重要信息或操作前置，以达到服务直达、减少跳转层级的目的。

1. 服务卡片的架构

服务卡片架构如图 8-3 所示。服务卡片的基本概念如下。

（1）服务卡片使用方：图 8-3 所示的桌面，显示服务卡片的内容，控制服务卡片的展示位置。

（2）服务卡片提供方：包含服务卡片的应用，提供卡片的显示内容、控件布局及控件点击处理逻辑。

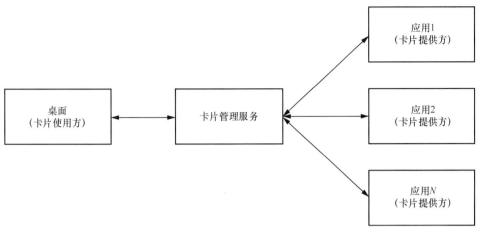

图 8-3　服务卡片的架构

（3）卡片管理服务：管理卡片信息的系统服务，作为卡片提供方和卡片使用方的桥梁，向卡片使用方提供卡片信息查询、添加、删除等能力，同时向卡片提供方提供卡片被添加、被删除、刷新、点击等事件的通知能力。

2. 服务卡片的使用步骤

服务卡片的使用步骤如图 8-4 所示。

（1）长按应用图标，弹出操作菜单。

（2）点击"服务卡片"选项，进入卡片预览界面。

（3）点击"添加到桌面"按钮，即可在桌面上看到新添加的服务卡片。

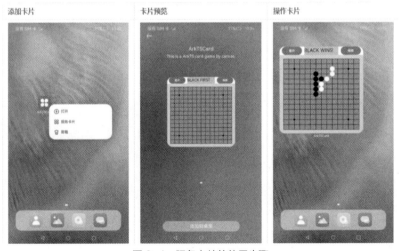

图 8-4　服务卡片的使用步骤

3. 服务卡片的亮点与特征

服务卡片有如下亮点与特征。

（1）信息呈现

将元服务/应用的重要信息以服务卡片的形式展示在桌面，同时具有信息定时更新的能力，用户可以随时查看关注的信息。

（2）服务直达

通过单击卡片内的按钮，就可实现功能快捷操作，也支持单击后跳转到元服务/应用对应功能页，实现功能服务一步直达的效果。

4. 服务卡片和元服务卡片的关系

元服务卡片是服务卡片的一种特殊形式或高级形态，它具备元服务的所有特性，并通过卡片的形式更直观地展示给用户。而普通的服务卡片则可能不包含元服务的全部功能或特性，只是简单地作为应用信息或操作的快捷方式存在。

8.2.2 服务卡片开发

服务卡片的开发步骤如下。

1. 创建服务卡片

在已有的应用工程中，通过右击新建服务卡片，具体操作如下。

① 选中工程中的目录 entry 并右击，在弹出的快捷菜单中选择"新建"→"Service Widget"→"Dynamic Widget"命令，在弹出的服务卡片模板选择窗口中选择一个服务卡片模板，如图 8-5 所示。

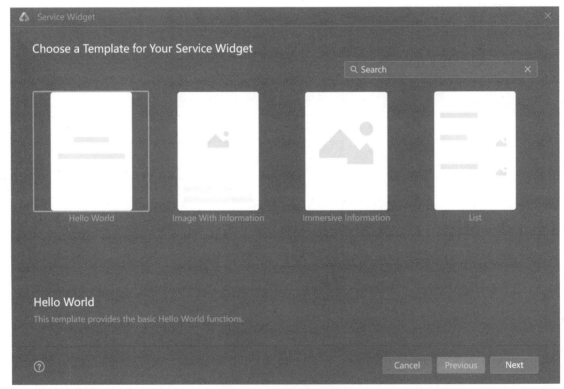

图 8-5　选择服务卡片模板

② 在选择服务卡片的开发语言类型（Language）时，选择"ArkTS"单选按钮，如图 8-6 所示，然后单击"Finish"按钮，即可完成 ArkTS 服务卡片的创建。

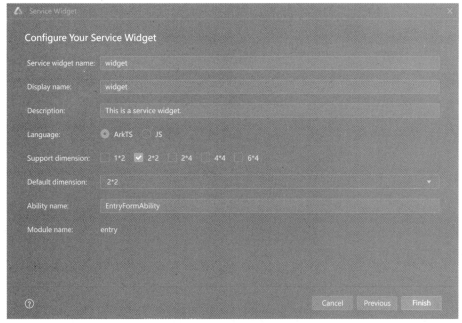

图 8-6　进行服务卡片设置

服务卡片创建完成后，工程中会新增与服务卡片相关的文件：服务卡片生命周期管理文件 EntryFormAbility.ts、服务卡片页面文件 WidgetCard.ets 和服务卡片配置文件 form_config.json，如图 8-7 所示。

2. 服务卡片页面开发

可以根据实际的业务场景，对服务卡片页面文件 WidgetCard.ets 进行如下调整。

（1）可以根据需要调整页面的基本能力，如使用 @Component 装饰器。

（2）可以根据需要使用动画，如使用显式动画、属性动画、组件内转场动画。

（3）可以根据需要使用自定义绘制能力，如可以通过 Canvas 组件在画布的中心绘制一个笑脸。

（4）可以根据需要添加服务卡片事件。

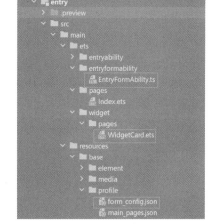

图 8-7　服务卡片相关文件

针对动态服务卡片，可以添加 postCardAction()接口，用于服务卡片内部和提供方应用间的交互，当前支持 router、message 和 call 这 3 种类型的事件，仅可在服务卡片中调用。

针对静态服务卡片，可以添加 FormLink()接口，用于卡片内部和提供方应用间的交互。

（5）可以根据需要添加数据交互功能。

可以根据需要添加 updateForm()接口和 requestForm()接口，以便主动触发服务卡片的页面刷新，添加 LocalStorageProp()接口可以获取需要刷新的卡片数据。

8.3 分布式应用开发

分布式特征是鸿蒙应用的显著特征之一，可为开发者提供更加广阔的使用场景和更新的产品视角。

8.3.1 分布式应用开发概述

分布式应用开发是指基于鸿蒙系统的分布式框架开发出能够在多个设备上协同运行的应用。这种应用能够打破设备界限，实现多设备间的信息共享和功能互补，为用户带来更加流畅和高效的使用体验。

分布式应用开发的核心在于鸿蒙应用的分布式框架，该框架提供了跨设备协同、分布式数据管理、分布式安全等关键能力。开发者可以利用这些能力，构建能够在不同设备上无缝流转和协同工作的应用。

1. 分布式应用开发基本概念

分布式应用开发涉及以下基本概念。

（1）流转

在鸿蒙系统中，流转泛指跨多设备的分布式操作。流转通过打破设备界限实现多设备联动，使应用程序可分可合、可流转，实现如邮件跨设备编辑、多设备协同健身、多屏游戏等分布式业务。流转为开发者提供了更广阔的使用场景和更新的产品视角，可以强化产品优势，实现体验升级。流转按照使用场景可分为跨端迁移和多端协同。

（2）跨端迁移

在用户使用设备的过程中，当使用情境发生变化（如从室内走到户外或者周围有更合适的设备等）时，之前使用的设备可能已经不适合继续完成当前的任务，此时，用户可以选择新的设备来继续完成当前的任务，原设备可按需决定是否退出任务，这就是跨端迁移场景。

常见的跨端迁移场景：在平板电脑上播放的视频迁移到智慧屏继续播放，从而获得更佳的观看体验；平板电脑上的视频应用退出。

在应用开发层面，跨端迁移指在 A 端运行的 UIAbility 迁移到 B 端，完成迁移后，B 端 UIAbility 继续完成任务，而 A 端 UIAbility 可按需决定是否退出。

（3）多端协同

用户拥有的多个设备可以作为一个整体，为用户提供比单设备更加高效、沉浸的体验，这就是多端协同场景。例如，A 和 B 两台设备打开备忘录中的同一篇笔记进行双端协同编辑，可以对设备 A 本地图库中的图片资源进行编辑，在设备 B 上进行文字内容编辑。

在应用开发层面，多端协同指多端上的不同 UIAbility/ServiceExtensionAbility 同时运行或者交替运行，以实现完整的业务；或者多端上的相同 UIAbility/ServiceExtensionAbility 同时运行，以实现完整的业务。

2. 分布式应用开发典型场景

分布式应用开发的典型场景有以下 4 种。

（1）媒体播控

使用媒体播控，可以简单、高效地将音频投放到其他鸿蒙系统设备上播放，如在手机上播放的音频可以投放到二合一（2in1）设备上继续播放。

（2）应用接续

应用接续指用户在一个设备上操作某个应用时，可以快速切换到另一个设备的同一个应用中，并无缝衔接上一个设备的应用体验。

（3）跨设备拖曳

跨设备拖曳提供跨设备的键鼠共享能力，支持在平板电脑或 2in1 类型的任意两台设备之间拖曳文件、文本。

（4）跨设备剪贴板

当用户拥有多台设备时，可以通过跨设备剪贴板的功能，在 A 设备的应用上复制一段文本，粘贴到 B 设备的应用中，高效地完成多设备间的内容共享。

8.3.2 媒体播控

鸿蒙系统提供了统一的应用内音视频投播功能设计，使用系统提供的投播组件和接口，应用只需要设置对应的资源信息、监听投播中的相关状态，以及应用主动控制的行为（如播放、暂停）。其他动作（包括图标切换，设备的发现、连接、认证等）均由系统完成。

1. 基本概念

（1）媒体会话（AVSession）

媒体会话提供音视频管控服务，用于对系统中所有音视频行为进行统一的管理。

本地播放时，应用需要向媒体会话提供播放的媒体信息（如正在播放的歌曲、歌曲的播放状态等），并接收和响应播控中心发出的控制命令（如暂停、播放下一首等）。

投播时，通过 AVSession，应用可以进行投播能力的设置和查询，并创建投播控制器。

应用可以在启动内容显示（如视频播放）时，获取支持投播的扩展屏设备并注册监听，当存在扩展屏时，可在扩展屏上全屏绘制要投播的内容。

（2）投播组件（AVCastPicker）

系统级的投播组件可嵌入到应用界面的 UI 组件。当用户点击该组件后，系统将进行设备发现、连接、认证等流程，应用可以通过接口获取投播中相关的回调信息。

（3）投播控制器（AVCastController）

投播控制器是投播后由应用发起的用于控制远端播放的接口，具备播放、暂停、调节音量、设置播放模式、设置播放速度等能力。

（4）后台长时任务

应用要实现后台播放，需申请后台长时任务，避免应用在投播后被系统后台清理或冻结。

2. 媒体播控开发步骤

媒体播控的开发可按如下步骤进行。

（1）创建播放器并创建 AVSession。

```
import { avSession } from '@kit.AVSessionKit'; //导入 AVSession 模块
/* 声明全局的 session 对象，此写法是加在 class 类外的声明，如果需要在 class 类内声明全局变量，需
要去掉 export let */
export let session: avSession.AVSession;
```

```
//创建session
async createSession(context: Context) {
  session = await avSession.createAVSession(context, 'video_test', 'video'); /*
'audio'代表音频应用，'video'代表视频应用 */
  await session.activate();
  //将应用加入支持投播的应用名单中才能成功投播
  session.setExtras({
    requireAbilityList: ['url-cast'],
  });
  console.info(`Session created. sessionId: ${session.sessionId}`);
}
```

（2）设置媒体资源信息。

```
//与session对象的声明不在同一文件时，需要使用import
import { session } from './×××'; //声明session对象的文件
  public setAVMetadata(playInfo: avSession.AVMediaDescription): Promise<void> {
    const metadata: avSession.AVMetadata = {
      assetId: playInfo.assetId, //需要配置实际id
      title: playInfo.title, //播放媒体资源的标题
      subtitle: playInfo.subtitle,//播放媒体资源的副标题
      //发现Cast+ Stream和DLNA协议设备，TYPE_CAST_PLUS_STREAM为默认必选项
      filter: avSession.ProtocolType.TYPE_CAST_PLUS_STREAM|avSession.  ProtocolType.
TYPE_DLNA,
      mediaImage: playInfo.mediaImage,
      artist: playInfo.artist,
      //可通过UUID（Universally Unique Identifier，通用唯一标识符）过滤允许访问DRM资源
的设备，阻止未注册的设备。
      drmSchemes: ['3d5e6d35-9b9a-41e8-b843-dd3c6e72c42c']
    };
    return session.setAVMetadata(metadata);
  }
```

（3）在需要投播的播放界面创建投播组件AVCastPicker。

```
import { AVCastPicker, AVCastPickerState } from '@kit.AVSessionKit';
//应用通过onStateChange()接口监听组件显示/消失状态
private onStateChange(state: AVCastPickerState) {
  if (state == AVCastPickerState.STATE_APPEARING) {
    console.log('The picker starts showing.');
  } else if (state == AVCastPickerState.STATE_DISAPPEARING) {
    console.log('The picker finishes presenting.');
  }
}
//创建投播组件，并设置大小
build() {
  Row() {
    Column() {
      AVCastPicker({
        normalColor: Color.Red,
        onStateChange: this.onStateChange
      })
```

```
        .width('40vp')
        .height('40vp')
        .border({ width: 1, color: Color.Red })
    }.height('50%')
  }.width('50%')
}
```

（4）设置 AVSession 的信息并注册 AVSession 的回调，用于感知投播连接。

```
import { BusinessError } from '@kit.BasicServicesKit';
import { avSession } from '@kit.AVSessionKit';
import { session } from './×××'; //声明 session 对象的文件
  castController: avSession.AVCastController | undefined = undefined;
  getAVCastController() {
    //监听设备连接状态的变化
  session.on('outputDeviceChange', async (connectState: avSession.ConnectionState,
device: avSession.OutputDeviceInfo) => {
      let currentDevice: avSession.DeviceInfo = device?.devices?.[0];
      if (currentDevice.castCategory === avSession.AVCastCategory.CATEGORY_REMOTE &&
connectState === avSession.ConnectionState.STATE_CONNECTED) { //设备连接成功
        console.info(`Device connected: ${device}`);
        this.castController = await session.getAVCastController();
        console.info('Succeeded in getting a cast controller');
        //查询当前播放状态
        let avPlaybackState = await this.castController?.getAVPlaybackState();
        console.info(`Succeeded in AVPlaybackState resource obtained: ${avPlay
backState}`);
        //监听播放状态的变化
        this.castController?.on('playbackStateChange', 'all', (state: avSession.
AVPlaybackState) => {
          console.info(`Succeeded in Playback state changed: ${state}`);
        });
        if (currentDevice.supportedProtocols === avSession.ProtocolType.TYPE_CAST_
PLUS_STREAM) {
          //此设备支持 cast+投播协议
        } else if (currentDevice.supportedProtocols === avSession.ProtocolType.
TYPE_DLNA) {
          //此设备支持 DLNA 投播协议
        }
        //此设备支持 chinaDRM，监听许可证请求事件，也可在发起 DRM 资源投播前监听
        if
(currentDevice.supportedDrmCapabilities?.includes('3d5e6d35-9b9a-41e8-b843-dd3c6e72c
42c')) {
          this.castController?.on('keyRequest', this.keyRequestCallback);
        }
      }
    })
  }
  //处理 DRM 许可证请求事件
  private keyRequestCallback: avSession.KeyRequestCallback = async (assetId: string,
```

```
requestData: Uint8Array) => {
      //根据 assetId 获取对应的 DRM URL
      let drmUrl: string = 'http://license.×××.×××.com:8080/drmproxy/getLicense';
      //从服务器获取许可证
      let licenseResponseData = await this.getLicense(drmUrl, requestData);
      try {
        //处理 DRM 许可证响应
        await this.castController?.processMediaKeyResponse(assetId, licenseResponse
Data);
      } catch (error) {
        console.error(`Failed to process the response corresponding to the media key.
Error: ${error}`);
      }
    }
```

（5）使用 AVCastController 进行资源播放。

```
playItem() {
      //设置播放参数，开始播放
      let playItem : avSession.AVQueueItem = {
        itemId: 0,
        description: {
          assetId: 'VIDEO-1',
          title: 'ExampleTitle',
          artist: 'ExampleArtist',
          mediaUri: 'https://×××.×××.com/example.mp4',
          mediaType: 'VIDEO',
          mediaSize: 1000,
          startPosition: 0,
          duration: 100000,
          albumCoverUri: 'https://www.example.jpeg',
          albumTitle: '《ExampleAlbum》',
          appName: 'ExampleApp',
          //DRM 资源，需要配置支持的 DRM 类型，以 chinaDRM 为例
          drmScheme: '3d5e6d35-9b9a-41e8-b843-dd3c6e72c42c',
        }
      };
      //准备播放，这里不会触发真正的播放，而是进行加载和缓冲
      this.castController?.prepare(playItem, () => {
        console.info('Preparation done');
      });
      //启动播放
      this.castController?.start(playItem, () => {
        console.info('Playback started');
      });
    }
```

（6）使用 AVCastController 监听控制命令和进行播放控制。

```
playControl() {
      //记录从 avSession 获取的远端控制器
      //下发播放命令
```

```
        let avCommand: avSession.AVCastControlCommand = {command:'play'};
        this.castController?.sendControlCommand(avCommand);
        //下发暂停命令
        avCommand = {command:'pause'};
        this.castController?.sendControlCommand(avCommand);
        //监听上一首和下一首切换
        this.castController?.on('playPrevious', () => {
          console.info('PlayPrevious done');
        });
        this.castController?.on('playNext', () => {
          console.info('PlayNext done');
        });
    }
```

（7）申请投播长时任务，避免应用在投播进入后台时被系统冻结，导致无法持续投播。

```
import { backgroundTaskManager } from '@kit.BackgroundTasksKit';
import { wantAgent } from '@kit.AbilityKit';
import { BusinessError } from '@kit.BasicServicesKit';
let context: Context = getContext(this);
function startContinuousTask() {
    let wantAgentInfo: wantAgent.WantAgentInfo = {
        //点击通知后，将要执行的动作
        wants: [
          {
            bundleName: "com.example.myapplication",
            abilityName: "EntryAbility",
          }
        ],
        //点击通知后的动作类型
        operationType: wantAgent.OperationType.START_ABILITY,
        //用户自定义的一个私有值
        requestCode: 0,
        //点击通知后的动作执行属性
        wantAgentFlags: [wantAgent.WantAgentFlags.UPDATE_PRESENT_FLAG]
    };
    //通过 wantAgent 模块的 getWantAgent() 方法获取 WantAgent 对象
    try {
        wantAgent.getWantAgent(wantAgentInfo).then((wantAgentObj) => {
            try {
                backgroundTaskManager.startBackgroundRunning(context,
                    backgroundTaskManager.BackgroundMode.MULTI_DEVICE_CONNECTION,
wantAgentObj).then(() => {
                    console.info('Succeeded in requesting to start running in background');
                }).catch((error: BusinessError) => {
                    console.error(`Failed to request to start running in background.
Code: ${error.code}, message: ${error.message}`);
                });
            } catch (error) {
                console.error(`Failed to request to start running in background. Error:
```

```
${error}`);
            }
        });
    } catch (error) {
        console.error(`Failed to get WantAgent. Error: ${error}`);
    }
}
```

（8）处理音频焦点。

```
import { audio } from '@kit.AudioKit';  //导入audio模块
import { BusinessError } from '@kit.BasicServicesKit'; //导入BusinessError
let isPlay: boolean; //是否正在播放，实际开发中，对应与音频播放状态相关的模块
let isDucked: boolean; //是否降低音量，实际开发中，对应与音频音量相关的模块
let started: boolean; //标识符，记录"开始播放（start）"操作是否成功
async function onAudioInterrupt(): Promise<void> {
    /* 此处以使用AudioRenderer开发音频播放功能为例，变量audioRenderer为播放时创建的
AudioRenderer实例*/
    audioRenderer.on('audioInterrupt', async(interruptEvent: audio.InterruptEvent)
=> {
    /* 在发生音频焦点变化时，audioRenderer收到interruptEvent回调，此处根据其内容做相应处理。
    1. 可选：读取interruptEvent.forceType的类型，判断系统是否已强制执行相应操作。
    注意：默认焦点策略下，INTERRUPT_HINT_RESUME为INTERRUPT_SHARE类型，其余hintType均为
INTERRUPT_FORCE类型。因此对forceType可不做判断。
    2. 必选：读取interruptEvent.hintType的类型，做出相应的处理。*/
    if (interruptEvent.forceType === audio.InterruptForceType.INTERRUPT_FORCE) {
    /* 强制打断类型（INTERRUPT_FORCE）：音频相关处理已由系统执行，应用需更新自身状态并做相应调整 */
        switch (interruptEvent.hintType) {
        case audio.InterruptHint.INTERRUPT_HINT_PAUSE:
            /* 此分支表示系统已将音频流暂停（临时失去焦点），为保持状态一致，应用需切换至音频暂停状态
            临时失去焦点：待其他音频流释放音频焦点后，本音频流会收到resume对应的音频焦点事件，到时可
自行继续播放 */
            isPlay = false; //此句为简化处理，代表应用切换至音频暂停状态的若干操作
            break;
        case audio.InterruptHint.INTERRUPT_HINT_STOP:
            /* 此分支表示系统已将音频流停止（永久失去焦点），为保持状态一致，应用需切换至音频暂停状态
            永久失去焦点：后续不会再收到任何音频焦点事件，若想恢复播放，需要用户主动触发*/
            isPlay = false; //此句为简化处理，代表应用切换至音频暂停状态的若干操作
            break;
        case audio.InterruptHint.INTERRUPT_HINT_DUCK:
            //此分支表示系统已将音频音量降低（默认降到正常音量的20%）
            isDucked = true; //简化处理，代表应用切换至降低音量播放状态的若干操作
            break;
        case audio.InterruptHint.INTERRUPT_HINT_UNDUCK:
            //此分支表示系统已将音频音量恢复正常
            isDucked = false; //简化处理，代表应用切换至正常音量播放状态的若干操作
            break;
        default:
            break;
        }
```

```
      } else if (interruptEvent.forceType === audio.InterruptForceType.INTERRUPT_SHARE) {
        /* 共享打断类型（INTERRUPT_SHARE）：应用可自主选择执行相关操作或忽略音频焦点事件 */
        switch (interruptEvent.hintType) {
          case audio.InterruptHint.INTERRUPT_HINT_RESUME:
            /* 此分支表示临时失去焦点后被暂停的音频流此时可以继续播放，建议应用继续播放，并切换至音
频播放状态若应用此时不想继续播放，可以忽略此音频焦点事件，不进行处理；继续播放时主动执行 start()，以
标识符变量 started 记录 start()的执行结果*/
            await audioRenderer.start().then(() => {
              started = true; //start()执行成功
            }).catch((err: BusinessError) => {
              started = false; //start()执行失败
            });
            //若 start()执行成功，则切换至音频播放状态
            if (started) {
              isPlay = true; //此句为简化处理，代表应用切换至音频播放状态的若干操作
            } else {
              //音频继续播放的操作执行失败
            }
            break;
          default:
            break;
        }
      }
    });
  }
```

（9）结束投播。

```
async release() {
  //一般来说，应用退出且不希望继续投播时，可以主动结束投播
  await session.stopCasting();
}
```

8.3.3　应用接续

在用户使用应用的过程中，如果使用情景发生了变化，之前使用的设备将不再适合继续完成当前任务，或者周围有更合适的设备，此时用户可以选择使用新的设备来继续完成当前的任务。接续完成后，之前使用的设备上的应用可退出或保留，用户可以将注意力集中在被拉起的设备上，继续执行任务。

1. 发起应用接续的场景

针对不同类型的应用，推荐的应用接续发起界面及接续同步内容如下。

（1）浏览器：网页内容详情界面，网页浏览进度同步。

（2）备忘录：备忘录详情界面，备忘录浏览进度同步。

（3）新闻：新闻详情界面，新闻浏览进度同步。

（4）阅读：小说阅读界面，小说阅读进度同步。

（5）视频：视频播放界面，视频播放进度同步。

（6）音乐：音乐播放界面、歌单播放界面，音乐播放进度同步。

（7）会议：会议界面，当前会议同步。

（8）邮件：新建邮件界面、回复转发邮件界面、阅读某封邮件界面，编辑内容及附件同步。

（9）办公编辑：某个编辑界面，编辑内容同步。

（10）CAD：CAD 编辑界面，编辑内容同步。

（11）地图：路线查询界面、导航界面，当前路线及导航同步。

2. 应用接续开发指导

通过应用接续，可以实现将应用当前任务（包括页面控件状态变量等）迁移到目标设备，并在目标设备上接续使用的目的。

应用接续的具体开发步骤如下。

（1）启用应用接续能力。

在配置文件 module.json5 的"abilities"中，将 continuable 标签配置为 true，表示该 UIAbility 可被迁移。配置为 false 的 UIAbility 将被系统识别为无法迁移且该配置默认值为 false。

```
{
  "module": {
    ......
    "abilities": [
      {
        ......
        "continuable": true,
      }
    ]
  }
}
```

（2）根据需要配置应用启动模式类型。

UIAbility 的启动模式是指 UIAbility 实例在启动时的不同呈现状态。针对不同的业务场景，系统提供了 3 种启动模式：singleton（单实例模式）、multiton（多实例模式）、specified（指定实例模式）。

注意：standard 是 multiton 的曾用名，效果与多实例模式一致。

如果需要使用 singleton 启动模式，在配置文件 module.json5 中将 launchType 字段配置为 singleton 即可。

```
{
  "module": {
    //......
    "abilities": [
      {
        "launchType": "singleton",
        //......
      }
    ]
  }
}
```

（3）在源端 UIAbility 中实现 onContinue()接口。

当应用触发迁移时，onContinue()接口在源端被调用，开发者可以在该接口中保存迁移数据，实现应用兼容性检测，并决定是否支持此次迁移。

```
import UIAbility from '@ohos.app.ability.UIAbility';
import AbilityConstant from '@ohos.app.ability.AbilityConstant';
export default class EntryAbility extends UIAbility {
  onContinue(wantParam: Record<string, Object>) {
    let versionDst = wantParam.version;  //获取迁移对端应用的版本号
    let versionSrc: number = 0; //获取迁移源端即本端应用的版本号
    if (versionDst > versionSrc) { //兼容性校验
      //兼容性校验不通过时返回 MISMATCH
      return AbilityConstant.OnContinueResult.MISMATCH;
    }
    console.info(`onContinue version = ${wantParam.version}, targetDevice: ${wantParam.
targetDevice}`)
    //迁移数据保存
    let continueInput = '迁移的数据';
    if (continueInput) {
      //将要迁移的数据保存在 wantParam 的自定义字段（如 data）中
      wantParam["data"] = continueInput;
    }
     return AbilityConstant.OnContinueResult.AGREE;
  }
}
```

（4）判断迁移场景，恢复数据，并加载界面。

```
import UIAbility from '@ohos.app.ability.UIAbility';
import AbilityConstant from '@ohos.app.ability.AbilityConstant';
import Want from '@ohos.app.ability.Want';
export default class EntryAbility extends UIAbility {
 storage : LocalStorage = new LocalStorage();
 onNewWant(want: Want, launchParam: AbilityConstant.LaunchParam): void {
    console.info(`EntryAbility     onNewWant     ${AbilityConstant.LaunchReason.
CONTINUATION}`)
    if (launchParam.launchReason == AbilityConstant.LaunchReason.CONTINUATION) {
      //将上面保存的数据取出并恢复
      let continueInput = '';
      if (want.parameters != undefined) {
        continueInput = JSON.stringify(want.parameters.data);
        console.info(`continue input ${continueInput}`);
      }
      this.context.restoreWindowStage(this.storage);
    }
  }
}
```

8.3.4 跨设备拖曳

当用户拥有两台设备时，可以共享一套键鼠，通过跨设备拖曳，一步将设备 A 的素材拖曳到设备 B 中快速创作，实现跨设备的协同工作体验。

　　拖曳事件指组件被拖曳时触发的事件。拖曳事件通过鼠标左键来操作和响应。

　　ArkUI 框架对以下组件提供了默认的拖曳能力，支持对数据的拖出或拖入响应，开发者只需要将这些组件的 draggable 属性设置为 true，即可使用默认拖曳能力。

　　（1）默认支持拖出能力的组件（可从组件上拖出数据）：Search、TextInput、TextArea、RichEditor、Text、Image、Hyperlink。

　　（2）默认支持拖入能力的组件（目标组件可响应拖入数据）：Search、TextInput、TextArea、RichEditor。

　　开发者也可以通过实现通用拖曳事件来自定义拖曳响应。

　　其他组件需要开发者将 draggable 属性设置为 true，并在 onDragStart()等接口中实现数据传输相关内容，才能正确处理拖曳。

　　在开发跨设备拖曳的功能时，系统将自动完成键鼠穿越和跨设备的数据传递，应用可按照本设备上的开发示例，完成拖曳事件的开发。

　　【例 8-2】拖曳开发示例，展示部分组件（如 Image 和 Text 等）拖曳和可落入区域的设置。

　　实现此示例的思路：利用标准化数据通路、标准化数据定义与描述等模块以及按钮、文本组件即可。具体步骤如下。

　　新建项目 test8，页面文件 Index.ets 的代码如下。

```
//Index.ets
import { unifiedDataChannel, uniformTypeDescriptor } from '@kit.ArkData';
import { promptAction } from '@kit.ArkUI';
import { BusinessError } from '@kit.BasicServicesKit';
@Entry
@Component
struct Index {
  @State targetImage: string = '';
  @State targetText: string = '普通文本放置区域';
  @State imageWidth: number = 100;
  @State imageHeight: number = 100;
  @State imgState: Visibility = Visibility.Visible;
  @State abstractContent: string = "摘要放置区域";
  @State textContent: string = "";
  @State backGroundColor: Color = Color.Transparent;
  @Builder
  pixelMapBuilder() {
    Column() {
      Image($r('app.media.startIcon'))
        .width(120)
        .height(120)
        .backgroundColor(Color.Yellow)
    }
  }
getDataFromUdmfRetry(event: DragEvent, callback: (data: DragEvent) => void) {
    try {
      let data: UnifiedData = event.getData();
      if (!data) {
```

```
          return false;
        }
      let records: Array<unifiedDataChannel.UnifiedRecord> = data.getRecords();
      if (!records || records.length <= 0) {
        return false;
      }
      callback(event);
      return true;
    } catch (e) {
      console.log("获取数据失败，代码 = " + (e as BusinessError).code + ", 信息 = " + (e
as BusinessError).message);
      return false;
    }
  }
  getDataFromUdmf(event: DragEvent, callback: (data: DragEvent) => void) {
    if (this.getDataFromUdmfRetry(event, callback)) {
      return;
    }
    setTimeout(() => {
      this.getDataFromUdmfRetry(event, callback);
    }, 1500);
  }
  private PreDragChange(preDragStatus: PreDragStatus): void {
    if (preDragStatus == PreDragStatus.READY_TO_TRIGGER_DRAG_ACTION) {
      this.backGroundColor = Color.Red;
    } else if (preDragStatus == PreDragStatus.ACTION_CANCELED_BEFORE_DRAG
      || preDragStatus == PreDragStatus.PREVIEW_LANDING_FINISHED) {
      this.backGroundColor = Color.Blue;
    }
  }
  build() {
    Row() {
      Column() {
        Text('开始拖曳')
          .fontSize(20).fontColor('#FFFFFF').textAlign(TextAlign.Center)
          .width('100%')
          .height(40)
          .margin(10)
          .backgroundColor('#008888')
        Image($r('app.media.startIcon'))
          .width(100)
          .height(100)
          .draggable(true)
          .margin({ left: 15 })
          .visibility(this.imgState)
          .onDragEnd((event) => {
            //onDragEnd 里取到的 result 值在接收方 onDrop 设置
            if (event.getResult() === DragResult.DRAG_SUCCESSFUL) {
```

```
          promptAction.showToast({ duration: 100, message: '拖曳成功' });
        } else if (event.getResult() === DragResult.DRAG_FAILED) {
          promptAction.showToast({ duration: 100, message: '拖曳失败' });
        }
      })
    Text('测试拖曳')
      .width('100%')
      .height(100)
      .draggable(true)
      .margin({ left: 15 })
      .copyOption(CopyOptions.InApp)
    TextArea({ placeholder: '请输入文字' })
      .copyOption(CopyOptions.InApp)
      .width('100%')
      .height(50)
      .draggable(true)
    Search({ placeholder: '请输入文字' })
      .searchButton('搜索')
      .width('100%')
      .height(80)
      .textFont({ size: 20 })
    Column() {
      Text('这是摘要')
        .fontSize(20)
        .width('100%')
    }.margin({ left: 40, top: 20 })
    .width('100%')
    .height(100)
    .onDragStart((event) => {
      this.backGroundColor = Color.Transparent;
      let data: unifiedDataChannel.PlainText=new unifiedDataChannel.PlainText();
      data.abstract = '这是摘要';
      data.textContent = '摘要的具体内容';
      (event as DragEvent).setData(new unifiedDataChannel.UnifiedData(data));
    })
    .onPreDrag((status: PreDragStatus) => {
      this.PreDragChange(status);
    })
    .backgroundColor(this.backGroundColor)
}.width('45%')
.height('100%')
Column() {
  Text('可落入区域')
    .fontSize(20).fontColor('#FFFFFF').textAlign(TextAlign.Center)
    .width('100%')
    .height(40)
    .margin(10)
    .backgroundColor('#008888')
```

```
            Image(this.targetImage)
              .width(this.imageWidth).alt('图片放置区域')
              .height(this.imageHeight)
              .draggable(true)
              .margin({ left: 15 })
              .border({ color: Color.Black, width: 1 })
              .allowDrop([uniformTypeDescriptor.UniformDataType.IMAGE])
              .onDrop((dragEvent?: DragEvent) => {
                this.getDataFromUdmf((dragEvent as DragEvent), (event: DragEvent) => {
                  let records: Array<unifiedDataChannel.UnifiedRecord> = event.getData().
getRecords();
                  let rect: Rectangle = event.getPreviewRect();
                  this.imageWidth = Number(rect.width);
                  this.imageHeight = Number(rect.height);
                  this.targetImage = (records[0] as unifiedDataChannel.Image).imageUri;
                  event.useCustomDropAnimation = false;
                  this.imgState = Visibility.None;
                  //显式设置 result 为 successful，则将该值传递给拖出方的 onDragEnd
                  event.setResult(DragResult.DRAG_SUCCESSFUL);
                })
              })
            Text(this.targetText)
              .width('100%')
              .height(100)
              .border({ color: Color.Black, width: 1 })
              .margin(15)
              .allowDrop([uniformTypeDescriptor.UniformDataType.PLAIN_TEXT])
              .onDrop((dragEvent?: DragEvent) => {
                this.getDataFromUdmf((dragEvent as DragEvent), (event: DragEvent) => {
                  let records: Array<unifiedDataChannel.UnifiedRecord> = event.getData().
getRecords();
                  let plainText: unifiedDataChannel.PlainText = records[0] as unifiedData
Channel.PlainText;
                  this.targetText = plainText.textContent;
                })
              })
            Column() {
              Text(this.abstractContent).fontSize(20).width('100%')
              Text(this.textContent).fontSize(15).width('100%')
            }
            .width('100%')
            .height(100)
            .margin(20)
            .border({ color: Color.Black, width: 1 })
            .allowDrop([uniformTypeDescriptor.UniformDataType.PLAIN_TEXT])
            .onDrop((dragEvent?: DragEvent) => {
              this.getDataFromUdmf((dragEvent as DragEvent), (event: DragEvent) => {
                let records: Array<unifiedDataChannel.UnifiedRecord> = event.getData().
```

```
getRecords();
            let plainText: unifiedDataChannel.PlainText = records[0] as unifiedData
Channel.PlainText;
            this.abstractContent = plainText.abstract as string;
            this.textContent = plainText.textContent;
          })
        })
      }.width('45%')
      .height('100%')
      .margin({ left: '5%' })
    }
    .height('100%')
  }
}
```

启动模拟器，编译并运行项目，其效果如图 8-8 所示。

图 8-8　拖曳开发示例

8.3.5　跨设备剪贴板

剪贴板分为本地剪贴板和跨设备剪贴板，本地剪贴板提供设备内的内容复制粘贴，跨设备剪贴板提供跨设备的内容复制粘贴。

当开发者正在开发一款浏览器类应用，或是备忘录、笔记、邮件等富文本编辑类应用时，均可接入跨设备剪贴板，提升用户体验。

在开发跨设备剪贴板的功能时，系统将自动完成跨设备的数据传递，需要注意的是，跨设备复制的数据在两分钟之内有效。

跨设备剪贴板开发可按如下步骤进行。

（1）从设备 A 复制数据，写入剪贴板服务。

```
import pasteboard from '@ohos.pasteboard';
import { BusinessError } from '@ohos.base';
export async function setPasteDataTest(): Promise<void> {
  let text: string = 'hello world';
  let pasteData: pasteboard.PasteData = pasteboard.createData(pasteboard. MIMETYPE
TEXT_PLAIN, text);
  let systemPasteBoard: pasteboard.SystemPasteboard = pasteboard. getSystemPasteboard();
  await systemPasteBoard.setData(pasteData).catch((err: BusinessError) => {
    console.error(`Failed to set pastedata. Code: ${err.code}, message: ${err.
message}`);
  });
}
```

（2）在设备 B 粘贴数据，读取剪贴板内容。

```
import pasteboard from '@ohos.pasteboard';
import { BusinessError } from '@ohos.base';
export async function getPasteDataTest(): Promise<void> {
  let systemPasteBoard: pasteboard.SystemPasteboard = pasteboard. getSystem
Pasteboard();
  systemPasteBoard.getData((err: BusinessError, data: pasteboard.PasteData) => {
    if (err) {
      console.error(`Failed to get pastedata. Code: ${err.code}, message:
${err.message}`);
      return;
    }
    //对 PasteData 进行处理，获取类型、个数等
    let recordCount: number = data.getRecordCount(); //获取剪贴板内 record 的个数
    let types: string = data.getPrimaryMimeType(); //获取剪贴板内数据的类型
    let primaryText: string = data.getPrimaryText(); //获取剪贴板内数据的内容
  });
}
```

8.4 人工智能服务

鸿蒙系统中的 AI 主要包括原生智能和小艺智能体。盘古大模型赋予了鸿蒙系统的 AI 助手小艺智能体强大的感知和推理能力，使其能够处理各类顶级场景，任务成功率高。

原生智能是指鸿蒙系统将 AI 能力深度融入操作系统，使得应用"生而智能"，设备"懂你所需"。这种原生智能不仅提升了用户体验，也为开发者提供了前所未有的机遇。开发者可以通过智能语音服务、智能视觉服务、智能意图框架服务等接入原生智能。

小艺智能体能够跨多个应用执行规划和任务，处理文字、图表信息，实现更高效的人机交互。它的典型应用场景包括感知和推理、跨应用操作、知识问答等。

总而言之，鸿蒙系统中的人工智能服务主要包括智能语音服务、智能视觉服务、智能意图框架服务等。

8.4.1 智能语音服务

智能语音服务包括基础语音服务和场景语音服务两大类。

（1）基础语音服务集成了语音类基础 AI 能力，包括文本—语音转换（Text To Speech）能力及语音识别（Speech Recognition）能力，便于用户与设备进行互动，实现实时转换输入的语音与文本。

（2）场景化语音服务集成了语音类 AI 能力，包括朗读控件（TextReader）和 AI 字幕控件（AICaption Component）能力，便于用户与设备进行互动。

朗读控件应用广泛，如可以在用户不方便或者无法查看屏幕文字时，为用户朗读新闻，提供信息。

朗读控件的具体开发步骤如下。

① 在文件 EntryAbility.ets 中导入朗读控件的窗口管理类。

② 在 onWindowStageCreate(windowStage: window.WindowStage)生命周期方法中，添加 setWindowStage()方法来设置窗口管理器。

```
onWindowStageCreate(windowStage: window.WindowStage): void {
  console.info('Ability onWindowStageCreate');
  WindowManager.setWindowStage(windowStage);
  windowStage.loadContent('pages/Index', (err, data) => {
    if (err) {
      console.error(`Failed to load the content. Code: ${err.code}, message:
${err.message}`);
      return;
    }
    console.info(`Succeeded in loading the content. Data: ${JSON.stringify
(data)}.` );
  });
}
```

③ 打开 Index.ets 文件，在使用朗读控件前，将实现朗读控件和其他相关的类添加至工程。

```
import { TextReader, TextReaderIcon, ReadStateCode } from '@kit.SpeechKit';
```

④ 简单配置页面的布局，加入听筒图标，并且设置 onClick 点击事件。

⑤ 初始化朗读控件。

⑥ 设置监听，在用户与控件进行交互时触发回调通知开发者。注销监听，监听结束后进行释放。

⑦ 初始化完成，加载文章列表，启动朗读控件。

⑧ 若要配置长时任务，需要在配置文件 module.json5 中添加 ohos.permission.KEEP_BACKGROUND_RUNNING 权限，并且加入 backgroundModes 选项，确保朗读控件的后台播报正常。

```
{
  "module": {
    //……
    "requestPermissions": [
      {
        "name": "ohos.permission.KEEP_BACKGROUND_RUNNING",
        "usedScene": {
```

```
            "abilities": [
              "FormAbility"
            ],
            "when": "inuse"
          }
        }
      ],
      "abilities": [
        {
          //……
          "backgroundModes": [
            "audioPlayback"
          ],
          //……
        }
      ]
    }
  }
```

【**例 8-3**】智能语音开发示例，展示一首古诗的朗读。

实现此示例的思路：利用 TextReader 组件即可。具体步骤如下。

（1）新建项目 test8b，将文件 EntryAbility.ets 的代码替换成如下代码（省略的代码为原有代码）。

```
//EntryAbility.ets
……
import { WindowManager } from '@kit.SpeechKit';//导入朗读控件的窗口管理类
export default class EntryAbility extends UIAbility {
  ……
  onWindowStageCreate(windowStage: window.WindowStage): void {
    hilog.info(0x0000, 'testTag', '%{public}s', 'Ability onWindowStageCreate');
    WindowManager.setWindowStage(windowStage);//设置窗口管理器
    windowStage.loadContent('pages/Index', (err) => {
      if (err.code) {
        hilog.error(0x0000, 'testTag', 'Failed to load the content. Cause: %{public}s',
JSON.stringify(err) ?? '');
        return;
      }
      hilog.info(0x0000, 'testTag', 'Succeeded in loading the content.');
    });
  }
  ……
}
```

（2）页面文件 Index.ets 的代码如下。

```
//Index.ets
import { TextReader, TextReaderIcon, ReadStateCode } from '@kit.SpeechKit';
@Entry
@Component
struct Index {
  @State readInfoList: TextReader.ReadInfo[] = [];//待加载的文章
```

```
@State selectedReadInfo: TextReader.ReadInfo = this.readInfoList[0];
@State readState: ReadStateCode = ReadStateCode.WAITING;//播放状态
@State isInit: boolean = false;//当前页的按钮状态
async aboutToAppear(){//加载数据
  let readInfoList: TextReader.ReadInfo[] = [{
    id: '001',
    title: {
      text:'水调歌头.明月几时有',
      isClickable:true
    },
    author:{
      text:'宋·苏轼',
      isClickable:true
    },
    date: {
      text:'2025/02/02',
      isClickable:false
    },
    bodyInfo: '明月几时有？把酒问青天。'
  }];
  this.readInfoList = readInfoList;
  this.selectedReadInfo = this.readInfoList[0];
  this.init();
}
async init() {//初始化
  const readerParam: TextReader.ReaderParam = {
    isVoiceBrandVisible: true,
    businessBrandInfo: {
      panelName: '小艺朗读',
      panelIcon: $r('app.media.startIcon')
    }
  }
  try{
    await TextReader.init(getContext(this), readerParam);
    this.isInit = true;
  } catch (err) {
    console.error(`朗读控件初始化失败，代码：${err.code}，信息：${err.message}`);
  }
}
setActionListener() {//设置操作监听
  TextReader.on('stateChange', (state: TextReader.ReadState) => {
    this.onStateChanged(state)
  });
  TextReader.on('requestMore', () => this.onStateChanged);
}
onStateChanged = (state: TextReader.ReadState) => {//监听函数
  if (this.selectedReadInfo?.id === state.id) {
    this.readState = state.state;
```

```
      } else {
        this.readState = ReadStateCode.WAITING;
      }
    }
  build() {
    Column() {
      TextReaderIcon({ readState: this.readState })
        .margin({ right: 20 }).width(32).height(32)
        .onClick(async () => {
          try {
            this.setActionListener();
            await TextReader.start(this.readInfoList, this.selectedReadInfo?.id);
          } catch (err) {
            console.error(`朗读控件启动失败, 代码: ${err.code}, 信息: ${err.message}`);
          }
        })
    }.height('100%')
  }
}
```

启动本地真机，编译并运行项目，其效果如图 8-9 所示。

图 8-9　智能语音开发示例

8.4.2　智能视觉服务

智能视觉服务包括基础视觉服务和场景化视觉服务两大类。

（1）基础视觉服务是与机器视觉相关的基础能力，如 OCR、人脸检测、人脸比对、主体分割、多目标识别、骨骼点检测等能力。

（2）场景化视觉服务集成了视觉类 AI 能力，包括人脸活体检测、卡证识别、文档扫描、AI 识图等能力。人脸活体检测便于用户与设备进行互动，验证用户是否为真实活体；卡证识别可提供身份证、行驶证、驾驶证、护照、银行卡等证件的结构化识别服务；文档扫描可提供拍摄文档并将其转换为高清扫描件的服务；AI 识图可提供场景化的文本识别、主体分割、识图搜索功能。其中人脸活体检测、卡证识别实施试用期免费的计费政策，试用期至 2026 年 12 月 31 日。开始正式收费前，华为将会提前通过正式途径发布计费调整通告。

人脸活体检测支持动作活体检测模式。动作活体检测支持实时捕捉人脸，需要用户配合做指定动作，以判断用户是真实活体还是非活体（如打印图片、人脸翻拍视频以及人脸面具等）。

人脸活体检测的开发步骤如下。

① 将实现人脸活体检测相关的类添加至工程。

② 在配置文件 module.json5 中添加 ohos.permission CAMERA 权限，其中 reason、abilities 标签必填。

③ 简单配置页面的布局，选择人脸活体检测验证完成后的跳转模式。如果使用 back 跳转模式，表示在检测结束后使用 router.back()返回。如果使用 replace 跳转模式，表示检测结束后使用 router.replaceUrl()跳转至相应页面。默认选择的是 replace 跳转模式。

④ 如果选择动作活体检测模式，可填写验证的动作数量。

⑤ 点击"开始检测"按钮，触发点击事件。

⑥ 触发 CAMERA 权限校验。

⑦ 配置人脸活体检测控件的 InteractiveLivenessConfig 选项，用于跳转到人脸活体检测控件。

⑧ 调用 interactiveLiveness 的 startLivenessDetection()接口，判断跳转到人脸活体检测控件是否成功。

⑨ 检测结束后回到当前页面，可调用 interactiveLiveness 的 getInteractiveLivenessResult()接口，验证人脸活体检测的结果。

【例 8-4】智能视觉开发示例，展示通过动作进行人脸活体检测。

实现此示例的思路：利用 interactiveLiveness 模块即可。具体步骤如下。

新建项目 test8c，页面文件 Index.ets 的代码如下。

```
//Index.ets
import { common, abilityAccessCtrl, Permissions } from '@kit.AbilityKit';
import { interactiveLiveness } from '@kit.VisionKit';//导入模块
import { BusinessError } from '@kit.BasicServicesKit';
import { hilog } from '@kit.PerformanceAnalysisKit';
@Entry
@Component
struct Index {
  private context: common.UIAbilityContext = getContext(this) as common.UIAbilityContext;
  private array: Array<Permissions> = ["ohos.permission.CAMERA"];
  @State actionsNum: number = 0;
  @State isSilentMode: string = "INTERACTIVE_MODE";
  @State routeMode: string = "replace";
  @State resultInfo: interactiveLiveness.InteractiveLivenessResult = {
    livenessType: 0
  };
  @State failResult: Record<string, number | string> = {
```

```
        "code": 1008302000, "message": ""
    };
    build() {
      Stack({ alignContent: Alignment.Top }) {
        Column() {
          Text("人脸活体检测设置").fontSize(36).fontWeight(FontWeight.Bold).margin(25)
          Row() {
            Flex({ direction: FlexDirection.Row, justifyContent: FlexAlign.Start,
alignItems: ItemAlign.Center }) {
              Text("跳转模式: ").fontSize(18).width("25%")
              Flex({ direction: FlexDirection.Row, justifyContent: FlexAlign.Start,
alignItems: ItemAlign.Center }) {
                Row() {
                  Radio({ value: "replace", group: "routeMode" }).checked(true)
                    .height(24).width(24)
                    .onChange((isChecked: boolean) => {
                      this.routeMode = "replace"
                    })
                  Text("replace").fontSize(16)
                }.margin({ right: 15 })
                Row() {
                  Radio({ value: "back", group: "routeMode" }).checked(false)
                    .height(24).width(24)
                    .onChange((isChecked: boolean) => {
                      this.routeMode = "back";
                    })
                  Text("back").fontSize(16)
                }
              }.width("75%")
            }
          }.margin({ bottom: 30 })
          Row() {
            Flex({ direction: FlexDirection.Row, justifyContent: FlexAlign.Start,
alignItems: ItemAlign.Center }) {
              Text("动作数量: ").fontSize(18).width("25%")
              TextInput({
                placeholder: this.actionsNum!=0?this.actionsNum.toString():"3或4个"
              })
                .type(InputType.Number)
                .placeholderFont({
                  size: 18,
                  weight: FontWeight.Normal,
                  family: "HarmonyHeiTi",
                  style: FontStyle.Normal
                })
                .fontSize(18).width("65%").fontWeight(FontWeight.Bold)
                .fontFamily("HarmonyHeiTi").fontStyle(FontStyle.Normal)
```

```
            .onChange((value: string) => {
              this.actionsNum = Number(value) as interactiveLiveness.ActionsNumber;
            })
          }
        }
      }.margin({ left: 24, top: 80 }).zIndex(1)
      Stack({
        alignContent: Alignment.Bottom
      }) {
        if (this.resultInfo?.mPixelMap) {
          Image(this.resultInfo?.mPixelMap)
            .width(260).height(260).align(Alignment.Center)
            .margin({ bottom: 260 })
          Circle()
            .width(300).height(300).fillOpacity(0).strokeWidth(60)
            .stroke(Color.White).margin({ bottom: 250, left: 0 })
        }
        Text(this.resultInfo.mPixelMap ? "检测成功" : this.failResult.code !=
1008302000 ? "检测失败" : "")
          .width("100%").height(26) .fontSize(20)
          .fontColor("#000000").fontFamily("HarmonyHeiTi")
          .margin({ top: 50 }).textAlign(TextAlign.Center)
          .fontWeight("Medium").margin({ bottom: 240 })
        if(this.failResult.code != 1008302000) {
          Text(this.failResult.message as string)
            .width("100%").height(26).fontSize(16).fontColor(Color.Gray)
            .textAlign(TextAlign.Center).fontFamily("HarmonyHeiTi")
            .fontWeight("Medium").margin({ bottom: 200 })
        }
        Button("开始检测", { type: ButtonType.Normal, stateEffect: true })
          .width(192).height(40).fontSize(16).backgroundColor(0x317aff)
          .borderRadius(20).margin({bottom: 56})
          .onClick(() => {this.privateStartDetection();})
      }.height("100%")
    }
  }
  onPageShow() {
    this.resultRelease();
    this.getDetectionResultInfo();
  }
  private privateRouterLibrary() {//跳转到人脸活体检测控件
    let routerOptions: interactiveLiveness.InteractiveLivenessConfig = {
      isSilentMode: this.isSilentMode as interactiveLiveness.DetectionMode,
      routeMode: this.routeMode as interactiveLiveness.RouteRedirectionMode,
      actionsNum: this.actionsNum
    }
    if (canIUse("SystemCapability.AI.Component.LivenessDetect")) {
```

```
    interactiveLiveness.startLivenessDetection(routerOptions).then((DetectState:
boolean) => {
        hilog.info(0x0001, "LivenessCollectionIndex", `成功跳转`);
      }).catch((err: BusinessError) => {
        hilog.error(0x0001, "LivenessCollectionIndex", `跳转失败, 代码: ${err.code},
信息: ${err.message}`);
      })
    } else {
      hilog.error(0x0001, "LivenessCollectionIndex", '此设备不支持此 API');
    }
  }
  private privateStartDetection() {//校验摄像头权限
    abilityAccessCtrl.createAtManager().requestPermissionsFromUser(this.context,
this.array).then((res) => {
      for (let i = 0; i < res.permissions.length; i++) {
        if (res.permissions[i] === "ohos.permission.CAMERA" && res.authResults[i] ===
0) {
          this.privateRouterLibrary();
        }
      }
    }).catch((err: BusinessError) => {
      hilog.error(0x0001, "LivenessCollectionIndex", `未能向用户请求权限，代码:
${err.code}, 信息: ${err.message}`);
    })
  }
  private getDetectionResultInfo() {//获取验证结果
    if (canIUse("SystemCapability.AI.Component.LivenessDetect")) {//释放资源
      let resultInfo = interactiveLiveness.getInteractiveLivenessResult();
      resultInfo.then(data => {
        this.resultInfo = data;
      }).catch((err: BusinessError) => {
        this.failResult = {
          "code": err.code,
          "message": err.message
        }
      })
    } else {
      hilog.error(0x0001, "LivenessCollectionIndex", '此设备不支持此 API');
    }
  }
  private resultRelease() {//结果发布
    this.resultInfo = { livenessType: 0 }
    this.failResult = { "code": 1008302000, "message": "" }
  }
}
```

启动模拟器，编译并运行项目，其效果如图 8-10 所示。

(a)   (b)

图 8-10 智能视觉开发示例

8.4.3 智能意图框架服务

智能意图框架服务是鸿蒙系统级的意图标准体系，意图连接了应用/元服务内的业务功能。

智能意图框架服务能帮助开发者将应用/元服务内的业务功能智能分发到各系统入口，这个过程即智慧分发。其中系统入口包括小艺对话、小艺搜索、小艺建议等。

智能意图框架服务可以利用鸿蒙系统的大模型、多维设备感知等 AI 能力，准确且及时地获取用户的显性意图或潜在意图，从而实现个性化、多模态、精准地智慧分发。

智慧分发提供习惯推荐、事件推荐、技能调用-语音、本地搜索等多种特性。

【例 8-5】智能意图开发示例，展示通过本地搜索进行歌曲的智慧分发。

实现此示例的思路：利用 insightIntent 模块即可。具体步骤如下。

（1）新建项目 test8d，将文件 EntryAbility.ets 的代码换成如下代码（省略的代码为原有代码）。

```
......
export default class EntryAbility extends UIAbility {
  private result: string = '';
  onCreate(want: Want, launchParam: AbilityConstant.LaunchParam): void {
    ......
    if (want.parameters?.['result']) {
      this.result = want.parameters?.['result'] as string;
    }
  }
  ......
  onWindowStageCreate(windowStage: window.WindowStage): void {
    hilog.info(0x0000, 'testTag', '%{public}s', 'Ability onWindowStageCreate');
    let para: Record<string, string> = {
      'result': this.result,
    };
    let localStorage: LocalStorage = new LocalStorage(para);
```

```
    windowStage.loadContent('pages/Index', localStorage, (err) => {
      if (err.code) {
        hilog.error(0x0000, 'testTag', 'Failed to load the content. Cause: %{public}s',
JSON.stringify(err) ?? '');
        return;
      }
      hilog.info(0x0000, 'testTag', 'Succeeded in loading the content.');
    });
  }
  ......
}
```

（2）选中工程中的目录 entry 并右击，在弹出的快捷菜单中选择"新建"→"Insight Intent"
命令，进入"New Insight Intent"界面，"Intent Domain"项选择"MusicDomain"命令，其他
保持默认选择，单击"Finish"按钮完成意图框架的创建。将类文件 IntentExecutorImpl.ets 的代
码替换成如下代码。

```
import { InsightIntentExecutor, insightIntent } from '@kit.AbilityKit';
import { window } from '@kit.ArkUI';
import { BusinessError } from '@kit.BasicServicesKit';
//意图调用案例
export default class IntentExecutorImpl extends InsightIntentExecutor {
  private static readonly PLAY_MUSIC = 'PlayMusic';
  //执行前台 UIAbility 意图
  async  onExecuteInUIAbilityForegroundMode(intentName:  string,  intentParam:
Record<string, Object>,
    pageLoader: window.WindowStage): Promise<insightIntent.ExecuteResult> {
    //根据意图名称分发处理逻辑
    switch (intentName) {
      case IntentExecutorImpl.PLAY_MUSIC:
        return this.playMusic(intentParam, pageLoader);
      default:
        break;
    }
    return Promise.resolve({
      code: -1,
      result: {
        message: 'unknown intent'
      }
    } as insightIntent.ExecuteResult)
  }
  //执行后台 UIAbility 意图
  async  onExecuteInUIAbilityBackgroundMode(intentName:  string,  intentParam:
Record<string, Object>):
    Promise<insightIntent.ExecuteResult> {
    let result: insightIntent.ExecuteResult = {
      code: 0
    }
    return result;
  }
  //实现调用播放歌曲功能
```

```
    private playMusic(param: Record<string, Object>, pageLoader: window.WindowStage):
Promise<insightIntent.ExecuteResult> {
      return new Promise((resolve, reject) => {
        let para: Record<string, string> = {
          'result': `intent execute success, entityId: ${param.entityId}`
        };
        let localStorage: LocalStorage = new LocalStorage(para);
        pageLoader.loadContent('pages/Index', localStorage)
          .then(() => {
            resolve({
              code: 0,
              result: {
                message: 'Intent execute succeed'
              }
            });
          })
          .catch((err: BusinessError) => {
            resolve({
              code: -1,
              result: {
                message: 'Intent execute failed'
              }
            })
          });
      })
    }
  }
```

（3）将页面文件 Index.ets 的代码替换成如下代码。

```
//Index.ets
import { insightIntent } from '@kit.IntentsKit';
import { BusinessError } from '@kit.BasicServicesKit';
let storage: LocalStorage = LocalStorage.getShared();
@Entry(storage)
@Component
struct Index {
  @LocalStorageProp('result') want: string = '等待结果';
  @State result: string = this.want;
  @State input: string = '';
  private playMusicIntent: insightIntent.InsightIntent = {
  intentName: "PlayMusic",
  intentVersion: "1.0",
  identifier: "52dac3b0-6520-4974-81e5-25f0879449b5",
  intentActionInfo: {
    actionMode: "EXECUTED",
    executedTimeSlots: {
      executedStartTime: 1637393212000,
      executedEndTime: 1637393112000,
    },
    currentPercentage: 50,
  },
```

```
      intentEntityInfo: {
        entityName: "Music",
        entityId: "C10194368",
        entityGroupId: "C10194321312",
        displayName: "测试歌曲 1",
        description: "NA",
        logoURL: "https://www-fi**.abc.com/-/media/corporate/images/home/logo/abc_logo.
png",
        keywords: ["华为音乐", "化妆"],
        rankingHint: 99,
        expirationTime: 1637393212000,
        metadataModificationTime: 1637393212000,
        activityType: ["1", "2", "3"],
        artist: ["测试歌手 1", "测试歌手 2"],
        lyricist: ["测试词作者 1", "测试词作者 2"],
        composer: ["测试曲作者 1", "测试曲作者 2"],
        albumName: "测试专辑",
        duration: 244000,
        playCount: 100000,
        musicalGenre: ["流行", "华语", "金曲", "00 后"],
        isPublicData: false,
      }
    }
  build() {
    Flex({ direction: FlexDirection.Column, justifyContent: FlexAlign.SpaceBetween,
alignItems: ItemAlign.Center }) {
      Column() {
        Text('智 能 意 图 开 发 示 例 ').fontSize('24fp').fontWeight(FontWeight.Bold).
maxLines(1)
      }.width('100%').height('5%')
      TextArea({
        placeholder: `先点击"获取 xx"或输入相关数据，然后点击"功能"按钮。`,
        text: this.input
      }).onChange((value: string) => this.input = value)
        .width('100%').textAlign(TextAlign.Start)
        .width('100%').height('45%').border({radius: '4vp'})
      Row() {
        Button() {
          Text('获取共享意图').fontWeight(FontWeight.Bold)
            .maxLines(1).maxFontSize(15).minFontSize(9)
        }.type(ButtonType.Capsule)
        .layoutWeight(1).height('100%')
        .margin({left: '4vp',right: '4vp'})
        .backgroundColor(Color.Blue).fontColor(Color.White)
        .onClick(async () => {
          console.info('refreshShareIntentMessage onclick');
          let str: string = JSON.stringify(this.playMusicIntent);
          this.input = str;
        })
        Button() {
```

```
        Text('共享意图').fontWeight(FontWeight.Bold)
          .maxLines(1).maxFontSize(15).minFontSize(9)
      }.type(ButtonType.Capsule).layoutWeight(1)
      .height('100%').margin({left: '4vp',right: '4vp'})
      .backgroundColor(Color.Blue).fontColor(Color.White)
      .onClick(async () => {
        console.info('shareIntent onclick');
        let insightIntents: insightIntent.InsightIntent[] = JSON.parse(this.input);
        if (!insightIntents || insightIntents.length === 0){
          console.error('共享意图: JSON 无效');
          this.result= '共享意图: JSON 无效';
        }
        await insightIntent.shareIntent(getContext(),insightIntents).then(() => {
          this.result ='共享意图成功';
    }).catch((err: BusinessError) => {
          this.result = `共享意图失败，代码: ${err?.code}, 原因: ${err?.message}`;
    });
      })
    }.width('100%').height('5%')
    .margin({top: '4vp',bottom: '4vp'})
    Column(){
      Text('结果:').fontSize('16fp').fontWeight(FontWeight.Regular)
        .textAlign(TextAlign.Start).width('100%')
      Text(this.result).fontSize('16fp').fontWeight(FontWeight.Regular)
        .textAlign(TextAlign.Start).width('100%')
    }.height('40%').width('100%')
    .margin({top: '8vp',bottom: '8vp'})
    }.margin({top: '8vp',bottom: '8vp',left: '20vp',right: '20vp'})
  }
}
```

启动模拟器，编译并运行项目，其效果如图 8-11 所示。

图 8-11　智能意图开发示例

【项目实现】云林商城应用开发

接到任务后，黎工程师分析了项目要求，把此项目分成 5 个任务来实现：云林商城应用功能设计、云林商城应用引导界面和主界面设计、云林商城应用商品信息界面设计、云林商城应用购物车界面设计、云林商城应用"我的"界面设计。同时，规划项目的代码结构如下：

```
├────common/src/main/ets                    //公共能力层
│    ├────components
│    │    ├────CommodityList.ets             //商品列表组件
│    │    ├────CounterProduct.ets            //数量加减组件
│    │    └────EmptyComponent.ets            //无数据显示组件
│    ├────constants
│    │    ├────BreakpointConstants.ets       //断点常量类
│    │    ├────GridConstants.ets             //栅格常量类
│    │    └────StyleConstants.ets            //样式常量类
│    ├────utils
│    │    ├────BreakpointSystem.ets          //断点工具类
│    │    ├────CommonDataSource.ets          //数据封装类
│    │    ├────LocalDataManager.ets          //数据操作管理类
│    │    ├────Logger.ets                    //日志工具类
│    │    └────Utils.ets                     //方法工具类
│    └────viewmodel
│         ├────CommodityModel.ets            //商品数据实体类
│         ├────OrderModel.ets                //订单数据实体类
│         ├────ProductModel.ets              //购物车商品数据实体类
│         └────ShopData.ets                  //商品应用数据
├────features                                //功能模块层
│    ├────commoditydetail/src/main/ets       //商品详情内容区
│    │    ├────components
│    │    │    ├────CapsuleGroupButton.ets   //自定义按钮组件
│    │    │    ├────CommodityDetail.ets      //商品详情组件
│    │    │    └────SpecificationDialog.ets  //商品规格弹框
│    │    ├────constants
│    │    │    └────CommodityConstants.ets   //商品详情区常量类
│    │    └────viewmodel
│    │         ├────CommodityDetailData.ets  //商品详情数据类
│    │         └────TypeModel.ets            //实体类
│    ├────home/src/main/ets                  //首页内容区
│    │    ├────components
│    │    │    └────Home.ets                 //首页内容组件
│    │    └────viewmodel
│    │         └────HomeData.ets             //首页数据
│    ├────newproduct/src/main/ets            //新品内容区
│    │    ├────components
│    │    │    └────NewProduct.ets           //新品内容组件
│    │    └────viewmodel
```

```
|   |        └────NewProductData.ets              //新品数据
|   ├────orderdetail/src/main/ets                 //订单相关内容区
|   |   ├────components
|   |   |   ├────AddressInfo.ets                   //收件人信息组件
|   |   |   ├────CommodityOrderItem.ets            //商品订单信息组件
|   |   |   ├────CommodityOrderList.ets            //商品订单列表组件
|   |   |   ├────ConfirmOrder.ets                  //确认订单组件
|   |   |   ├────HeaderBar.ets                     //标题组件
|   |   |   ├────OrderDetailList.ets               //订单分类列表组件
|   |   |   ├────OrderListContent.ets              //订单分类列表内容组件
|   |   |   └────PayOrder.ets                      //支付订单组件
|   |   ├────constants
|   |   |   └────OrderDetailConstants.ets          //订单区常量类
|   |   └────viewmodel
|   |       └────OrderData.ets                     //订单数据
|   ├────personal/src/main/ets                     //我的内容区
|   |   ├────components
|   |   |   ├────IconButton.ets                    //图片按钮组件
|   |   |   ├────LiveList.ets                      //直播列表组件
|   |   |   └────Personal.ets                      //我的内容组件
|   |   ├────constants
|   |   |   └────PersonalConstants.ets             //我的常量类
|   |   └────viewmodel
|   |       ├────IconButtonModel.ets               //按钮图标实体类
|   |       └────PersonalData.ets                  //我的数据
|   └────shopcart/src/main/ets                     //购物车内容区
|       ├────components
|       |   └────ShopCart.ets                      //购物车内容组件
|       └────constants
|           └────ShopCartConstants.ets             //购物车常量类
└────products                                      //产品层
    └────phone/src/main/ets                        //支持手机、平板电脑
        ├────constants
        |   └────PageConstants.ets                 //页面常量类
        ├────entryability
        |   └────EntryAbility.ets                  //程序入口类
        ├────pages
        |   ├────CommodityDetailPage.ets           //订单详情页
        |   ├────ConfirmOrderPage.ets              //确认订单页
        |   ├────MainPage.ets                      //主页
        |   ├────OrderDetailListPage.ets           //订单分类列表页
        |   ├────PayOrderPage.ets                  //支付订单页
        |   └────SplashPage.ets                    //启动过渡页
        └────viewmodel
            └────MainPageData.ets                  //主页数据
```

任务 8-1　云林商城应用功能设计

1. 任务分析

云林商城应用基于自适应布局和响应式布局，实现在普通手机、折叠屏手机、平板电脑等不同屏幕尺寸的设备上按不同设计显示，通过公共能力层（common）、功能模块层（features）、产品层（product）这 3 层工程结构，实现"一次开发，多端部署"。

2. 代码实现

（1）新建项目 project8，将文件 EntryAbility.ets 的代码替换为如下代码（省略的为原有代码）。

```
//EntryAbility.ets
......
import deviceInfo from '@ohos.deviceInfo';
export default class EntryAbility extends UIAbility {
  onCreate(want: Want, launchParam: AbilityConstant.LaunchParam) {
    if (deviceInfo.deviceType !== 'tablet') {
      Window.getLastWindow(this.context, (err, data) => {
        if (err.code) {
          hilog.isLoggable(0x0000, 'testTag', hilog.LogLevel.ERROR);
          hilog.error(0x0000, 'testTag', 'Failed to obtain the top window. Cause: '
+ JSON.stringify(err));
          return;
        }
        let orientation = window.Orientation.PORTRAIT;
        data.setPreferredOrientation(orientation, (err) => {
          if (err.code) {
            hilog.isLoggable(0x0000, 'testTag', hilog.LogLevel.ERROR);
            hilog.error(0x0000, 'testTag', 'Failed to set window orientation. Cause: '
+ JSON.stringify(err));
            return;
          }
          hilog.isLoggable(0x0000, 'testTag', hilog.LogLevel.INFO);
          hilog.info(0x0000, 'testTag', 'Succeeded in setting window orientation.');
        });
      });
    }
  }
  ......
}
```

（2）调整项目结构并添加新的模块，实现"一次开发，多端部署"。

① 选中项目名并右击，在弹出的快捷菜单中选择"新建"→"目录"命令，然后在弹出的对话框中输入"products"，按 Enter 键，即可在项目根目录下创建子目录 products。

② 选中模块 entry 并右击，在弹出的快捷菜单中选择"重构"→"重命名"→"重命名模块"命令，在弹出的对话框中将"entry"改为"phone"。

③ 将模块 phone 拖曳到新建的目录 product 中，在弹出的确认对话框中单击"重构"按钮即可。

④ 选中项目名并右击，在弹出的快捷菜单中选择"新建"→"模块"命令，然后在弹出的对话框中选择模板"Static Library"并单击"Next"按钮；将"Module name"改为"common"，单击"Finish"按钮即可在项目根目录下创建新模块 common。

⑤ 在项目根目录下创建子目录 features。

⑥ 在项目根目录下创建新模块 commoditydetail，然后将模块 commoditydetail 拖曳到新建的目录 features 中，在弹出的对话框中单击"重构"按钮。

⑦ 新建模块 home、newproduct、orderdetail、personal、shopcart 并全部移动到目录 features 中。

⑧ 删除所有模块目录 components 下的文件 MainPage.ets，清空所有模块下文件 index.ets 的内容。至此，实现"一次开发，多端部署"的项目结构创建完成。

3. 设计效果

项目最终的结构如图 8-12 所示。

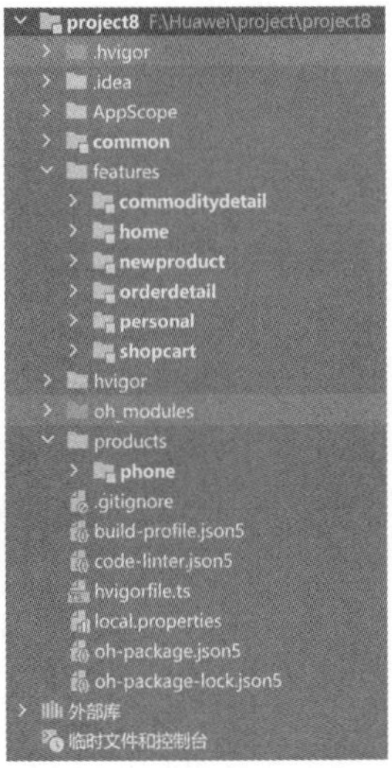

图 8-12 云林商城应用项目结构

任务 8-2　云林商城应用引导界面和主界面设计

1. 任务分析

云林商城应用引导界面加载速度快，在引导界面停留两秒后将自动跳转到主界面，这样可以提升用户体验，并且引导界面还可以作为服务卡片使用。

2. 代码实现

（1）云林商城应用的引导界面文件为 Index.ets，其部分代码如下，完整代码参见源程序。

```
//Index.ets
......
@Entry
@Component
struct Index {
  @StorageProp('currentBreakpoint') currentBreakpoint: string = 'sm';
  private breakpointSystem = new BreakpointSystem();
  private timeOutId: number = 2;
  build() {
    Flex({direction: FlexDirection.Column, alignItems: ItemAlign.Center}){
      Column() {
        Image($r('app.media.ic_eshop'))
          .width(new BreakPointType({
            sm: $r('app.float.splash_image_size'),
            md: $r('app.float.splash_image_size'),
            lg: $r('app.float.splash_image_size_lg')
          }).getValue(this.currentBreakpoint))
          .aspectRatio(PageConstants.IMAGE_ASPECT_RATIO)
          .objectFit(ImageFit.Contain)
      }
      .justifyContent(FlexAlign.Center)
      .alignItems(HorizontalAlign.Center)
```

```
      .flexGrow(StyleConstants.FLEX_GROW)
    Image($r('app.media.ic_title'))
      .width($r('app.float.text_image_width'))
      .height($r('app.float.text_image_height'))
      .objectFit(ImageFit.Contain)
    Text($r('app.string.splash_desc'))
      .fontColor($r('app.color.forty_alpha_black'))
      .fontSize($r('app.float.bigger_font_size'))
      .letterSpacing(PageConstants.LETTER_SPACE)
      .margin({ top: $r('app.float.vp_twelve'), bottom:
......
```

（2）云林商城应用主界面文件为 MainPage.ets，由 Tabs 组件和 4 个 TabContent 组件组成，4 个页签的内容视图分别为首页（Home）、新品（NewProduct）、购物车（ShopCart）、我的（Personal）。根据用户使用场景，通过响应式布局的媒体查询监听应用窗口宽度变化，获取当前应用的断点值，设置 Tabs 的页签位置，大宽度（long，lg）断点（如平板电脑）显示侧边栏，其他断点则显示底部栏。其部分代码如下，完整代码参见源程序。

```
//MainPage.ets
......
@Entry
@Component
struct MainPage {
  @StorageProp('currentBreakpoint') currentBreakpoint: string = 'sm';
  @StorageLink('IndexPage') currentPageIndex: number = 0;
  @State shoppingCartCache: Product[] = [];
  @State shoppingCartList: Product[] = [];
  @State orderCount: OrderCount = {
    payment: 0,
    ship: 0,
    receipt: 0,
    evaluation: 0,
    sale: 0
  };
  private breakpointSystem = new BreakpointSystem();
  private localDataManager: LocalDataManager = LocalDataManager.instance();
  aboutToAppear() {
    this.breakpointSystem.register();
    this.shoppingCartList = this.shoppingCartCache?.length > 0 ? this.shoppingCartCache :
[];
    this.queryOrderList();
  }
  aboutToDisappear() {
    this.breakpointSystem.unregister();
  }
  queryShopCart() {
    const shoppingData = this.localDataManager.queryShopCart();
    this.shoppingCartList = shoppingData;
    this.shoppingCartCache = shoppingData;
  }
  routerDetailPage(data: Commodity) {
```

```
    router.pushUrl({
      url: PageConstants.COMMODITY_DETAIL_PAGE_URL,
      params: { id: data.id }
    }).catch((err: Error) => {
      Logger.error(JSON.stringify(err));
    });
  }
  queryOrderList() {
    const orderList = this.localDataManager.queryOrderList();
    this.orderCount = {
      payment: orderList.filter(item => item.status === Order Operation
Status.UN_PAY).length,
      ship: 0,
      receipt: orderList.filter(item => item.status === OrderOperationStatus.
DELIVERED).length,
      evaluation: orderList.filter(item => item.status === OrderOperationStatus.
RECEIPT).length,
      sale: 0
    };
  }
  onPageShow() {
    this.queryShopCart();
    this.queryOrderList();
  }
  build() {
    Column() {
      Tabs({
        barPosition: this.currentBreakpoint === BreakpointConstants.BREAKPOINT_LG ?
BarPosition.Start : BarPosition.End,
        index: this.currentPageIndex
      }) {
        ......
```

3. 运行效果

云林商城应用引导界面的显示效果如图 8-13 所示，主界面显示效果如图 8-1 所示。

（a）普通手机效果　　（b）折叠屏手机效果　　　　　　（c）平板电脑效果

图 8-13　云林商城应用引导界面显示效果

任务 8-3　云林商城应用商品信息界面设计

1. 任务分析

云林商城应用商品信息界面整体由轮播图、商品信息、底部按钮栏组成，可以通过栅格布局实现不同类型设备呈现不同的效果，并通过自适应布局的拉伸能力，设置 flexGrow 属性使按钮位于底部。

2. 代码实现

要达到前面的设计目的，可执行以下步骤。

（1）在小宽度（small，sm）断点下，轮播图占 4 个栅格，商品信息占 4 个栅格，底部按钮栏占 4 个栅格。

（2）在中等宽度（middle，md）断点下，轮播图占 8 个栅格，商品信息占 8 个栅格，底部按钮栏占 8 个栅格。

（3）在 lg 断点下，轮播图占 12 个栅格，商品信息占 8 个栅格偏移 2 个栅格，底部按钮栏占 8 个栅格偏移 2 个栅格。

以上步骤在类文件 CommodityDetail.ets 中实现，其部分代码如下，完整代码参见源程序。

```
//CommodityDetail.ets
......
@Component
export struct CommodityDetail {
......
 build() {
  Stack({ alignContent: Alignment.TopStart }) {
   Flex({ direction: FlexDirection.Column }) {
    Scroll() {
     GridRow({
      columns: {
       sm: GridConstants.COLUMN_FOUR,
       md: GridConstants.COLUMN_EIGHT,
       lg: GridConstants.COLUMN_TWELVE
      },
      gutter: GridConstants.GUTTER_TWELVE
     }) {
      GridCol({
       span: {
        sm: GridConstants.SPAN_FOUR,
        md: GridConstants.SPAN_EIGHT,
        lg: GridConstants.SPAN_TWELVE }
      }) {
       if (this.info !== undefined) {
        this.CustomSwiper(this.info?.images)
       }
      }
      GridCol({
```

```
        span: {
          sm: GridConstants.SPAN_FOUR,
          md: GridConstants.SPAN_EIGHT,
          lg: GridConstants.SPAN_EIGHT
        },
        offset: { lg: GridConstants.OFFSET_TWO }
      }) {
        Column() {
          if (this.info) {
            this.TitleBar(this.info)
            this.Specification()
            this.SpecialService()
            this.UserEvaluate()
            this.DetailList(this.info.images)
          }
        }
      }
    }
  }
}
.flexGrow(StyleConstants.FLEX_GROW)
GridRow({
  columns: {
    sm: GridConstants.COLUMN_FOUR,
    md: GridConstants.COLUMN_EIGHT,
    lg: GridConstants.COLUMN_TWELVE
  },
  gutter: GridConstants.GUTTER_TWELVE
}) {
  GridCol({
    span: {
      sm: GridConstants.SPAN_FOUR,
      md: GridConstants.SPAN_EIGHT,
      lg: GridConstants.SPAN_EIGHT
    },
......
```

3. 运行效果

运行程序，在云林商城应用主页面点击任意商品，可以查看商品的详细信息，其效果如图 8-14 所示。

（a）普通手机效果　　（b）折叠屏手机效果　　　　　　（c）平板电脑效果

图 8-14　云林商城应用商品信息界面效果

任务 8-4　云林商城应用购物车界面设计

1. 任务分析

云林商城应用购物车界面由购物车列表和商品列表组成，商品列表实现逻辑与主界面的商品列表相同，购物车列表使用自适应布局的均分能力实现。

2. 代码实现

为了达到设计目的，在类文件 ShopCart.ets 中实现，完整代码参见源程序。

```
//ShopCart.ets
......
@Component
export struct ShopCart {
  ......
  @Builder
  CartItem(item: Product, index: number) {
    Flex({ direction: FlexDirection.Row, alignItems: ItemAlign.Center }) {
      Checkbox({
        name: `${ShopCartConstants.CHECKBOX}${index}`,
        group: ShopCartConstants.CHECKBOX_GROUP
      })
        .width($r('app.float.vp_twenty_four'))
        .height($r('app.float.vp_twenty_four'))
        .selectedColor($r('app.color.select_color'))
        .select(this.selectProductChange(index))
        .onClick(() => {
          let tempData: SelectProducts = {
            key: this.selectProducts[index].key,
            selected: !this.selectProducts[index].selected
          }
          this.selectProducts.splice(index, 1, tempData)
          let updateShopCartParams: UpdateShopProps = {
            id: item.id,
            selected: this.selectProducts[index].selected
          };
          this.localDataManager.updateShopCart(updateShopCartParams);
          this.needUpdateShopCart();
        })
      Image($rawfile(item.img[0]))
        .height($r('app.float.card_image_size'))
        .width($r('app.float.card_image_size'))
        .objectFit(ImageFit.Cover)
        ......
```

3. 运行效果

运行程序将商品加入购物车，其效果如图 8-15 所示。

（a）普通手机效果 　　　 （b）折叠屏手机效果 　　　　 （c）平板电脑效果

图 8-15　云林商城购物车示例

任务 8-5　云林商城应用"我的"界面设计

1. 任务分析

云林商城应用"我的"界面主要由个人信息、"我的订单"列表、文字图片按钮、直播列表组成，直播列表实现逻辑与主界面商品列表相同，其他则使用自适应布局的均分能力实现，使用 Flex 布局设置主轴上的对齐方式为 FlexAlign.SpaceAround。

2. 代码实现

为了达到设计目的，在类文件 Personal.ets 中实现，完整代码参见源程序。

```
//Personal.ets
……
@Component
export struct Personal {
  ……
  @Builder
  Order() {
    Flex({ direction: FlexDirection.Column }) {
      Flex({
        justifyContent: FlexAlign.SpaceBetween,
        alignItems: ItemAlign.Center
      }) {
        Text($r('app.string.order_mine'))
          .fontSize($r('app.float.middle_font_size'))
        Row() {
          Text($r('app.string.order_total'))
            .fontSize($r('app.float.small_font_size'))
            .fontColor($r('app.color.sixty_alpha_black'))
          Image($r('app.media.ic_right_arrow'))
            .objectFit(ImageFit.Contain)
            .height($r('app.float.vp_twenty_four'))
            .width($r('app.float.vp_twelve'))
        }
        .onClick(() => {
```

```
        router.pushUrl({
          url: PersonalConstants.ORDER_LIST_PAGE_URL,
          params: { tabIndex: 0 }
        }).catch((err: Error) => {
          Logger.error(JSON.stringify(err));
        });
      })
    }
    .margin({ bottom: $r('app.float.vp_fourteen') })

    ......
```

3. 运行效果

将上述文件保存并且引入相关的工具类文件以及图片、字符串、颜色、布尔值等文件，添加依赖项。（可在模块的 oh-package.json5 文件中添加类似代码："dependencies": { "@ohos/common": "../../common" },"，然后单击编辑器窗口上方的"Sync Now"按钮进行工程同步），执行"ohpm install 依赖包名"命令安装依赖包，构建模块（选中模块名，然后选择"构建"→"构建模块'模块名'"命令进行编译构建，生成 HAR。）编译整个项目后在真机（模拟器或者本地真机）上运行，结果如图 8-16 所示，至此云林商城项目成功实现。

（a）普通手机效果　　　（b）折叠屏手机效果　　　　　　　　（c）平板电脑效果

图 8-16　运行效果

【小结及提高】

本项目设计了云林商城应用。通过学习本项目，读者能够掌握元服务、服务卡片、分布式应用开发，能够熟练地结合前面介绍的相关知识来解决实际问题。本项目实用性很强，还可以进一步拓展，如添加订单确认界面、订单支付界面、订单列表界面、用户登录界面以及元服务、智能助手、服务器端系统开发等。

IT 行业创新路上荆棘丛生，充满算法瓶颈、兼容性难题等诸多挑战，具备不惧困难、百折不挠的精神至关重要。以华为鸿蒙系统研发团队为例，程序员们从零起步，日夜攻坚底层架构、生态适配难题等，历经无数次代码重写、调试失败，仍执着坚守、砥砺前行。这种精神让大众领悟到科技创新背后持之以恒的付出，增强了民族凝聚力与向心力。

【项目实训】

1. 实训要求

综合前面所学知识实现云林商城应用订单确认界面、订单支付界面、订单列表界面。

2. 步骤提示

云林商城应用相关界面可以按照以下步骤来完成。

（1）设计云林商城订单确认界面。

（2）设计云林商城订单支付界面。

（3）设计云林商城订单列表界面。

效果如图 8-17 所示。

（a）订单确认界面　　　　（b）订单支付界面　　　　（c）订单列表界面

图 8-17　云林商城应用相关界面开发

【习题】

一、填空题

1. 元服务的显著特征有_____、_____、_____、_____、_____、_____。

2. 服务卡片是一种界面展示形式，可以将应用的重要信息或操作前置，以达到_____、_____的目的。

3. 分布式应用开发是指基于鸿蒙系统的_____开发出能够在多个设备上协同运行的应用。

4. 分布式应用开发典型场景有_____、_____、_____、_____。

5. 鸿蒙系统中的 AI 主要包括_____和_____。

二、编程题

1. 编程实现云林商城应用。

2. 编程实现云林商城应用订单确认界面、订单支付界面、订单列表界面。

术 语 索 引

用户体验（User Experience，UX）

项目 2

入口（Entry）

功能（Feature）

静态共享包（Harmony Archive，HAR）

动态共享包（Harmony Shared Package，HSP）

包（Bundle）

包名（bundleName）

版本编号（versionCode）

身份标识号（Identity Document，id）

数字（Number）

布尔（Boolean）

字符串（String）

无（Void）

对象（Object）

数组（Array）

枚举（Enum）

联合（Union）

匿名（Aliases）

线性布局（LinearLayout）

可缩放矢量图形（Scalable Vector Graphics，SVG）

虚拟像素（Virtual Pixel，vp）

字体像素（Font Pixel，fp）

用户界面能力（UIAbility）

扩展能力（ExtensionAbility）

项目 3

帧率（Frame Rate）

公共事件服务（Common Event Service，CES）

通知增强服务（Advanced Notification Service，ANS）

进程间通信（Inter-Process Communication，IPC）

项目 4

FA（Feature Ability）

项目 5

赫兹（Hertz，Hz）

比特每秒（bits-per-second，bit/s）

动态影像专家压缩标准音频层面 3（Moving Picture Experts Group Audio Layer III，MP3）

运动图像专家组第 4 层音频（Moving Picture Experts Group Layer IV Audio，M4A）

脉冲编码调制（Pulse Code Modulation，PCM）

原生 API（Native API）

互联网电话（Voice over Internet Protocol，VoIP）

可交换图像文件格式（Exchangeable image File Format，EXIF）

联合图像专家组（Joint Photographic Experts Group，JPEG）

便携式网络图形（Portable Network Graphics，PNG）

图形交换格式（Graphics Interchange Format，GIF）

原始图像格式（RAW）

网络图片格式（WebP）

位图（Bitmap，BMP）

可缩放矢量图形（Scalable Vector Graphics，SVG）

硬件驱动接口（Hardware Driver Interface，HDI）

超文本传输协议实时流媒体（Hypertext Transfer Protocol Live Streaming，HLS）

项目 6

访问令牌管理器（Access Token Manager，ATM）

元能力权限等级（Ability Privilege Level，APL）

可信执行环境（Trusted Execution Environment，TEE）

富执行环境（Rich Execution Environment，REE）

可信区域（TrustZone）

通用密钥库系统（HarmonyOS Universal KeyStore，HUKS）

框架（Framework）

项目 7

用户首选项（Preferences）

结果集（ResultSet）

分布式数据库（Distributed Database）

项目 8

二合一（2in1）

文本—语音转换（Text To Speech）

语音识别（Speech Recognition）

朗读控件（TextReader）

AI 字幕控件（AICaption Component）

公共能力层（common）

功能模块层（features）

产品层（product）

大宽度（long，lg）

小宽度（small，sm）

中等宽度（middle，md）

参 考 文 献

[1] 柳伟卫. 鸿蒙 HarmonyOS 应用开发入门[M]. 北京: 清华大学出版社, 2024.

[2] 倪红军. 鸿蒙应用开发零基础入门[M]. 北京: 清华大学出版社, 2023.

[3] 华为技术有限公司. HarmonyOS 移动应用开发技术[M]. 北京: 人民邮电出版社, 2022.